Kliniktaschenbücher

G. Schley

Störungen des Wasser-, Elektrolyt- und Säure-Basenhaushaltes

Diagnose und Therapie

Mit 27 Abbildungen und 30 Tabellen

Springer-Verlag
Berlin Heidelberg New York 1981

Professor Dr. Gerhard Schley
Klinikum Niederberg, Innere Abteilung
Postfach 100620, 5620 Velbert 1

ISBN-13: 978-3-540-10366-0 e-ISBN-13: 978-3-642-67818-9
DOI: 10.1007/978-3-642-67818-9

CIP-Kurztitelaufnahme der Deutschen Bibliothek
Schley, Gerhard:
Störungen des Wasser-, Elektrolyt- und Säure-Basenhaushaltes: Diagnose u. Therapie / G. Schley. – Berlin, Heidelberg, New York: Springer 1981.
(Kliniktaschenbücher)
ISBN-13: 978-3-540-10366-0

Satz- u. Bindearbeiten: G. Appl, Wemding. Druck: aprinta, Wemding
2127/3140-543 210

Vorwort

Zahlreiche Erkrankungen des Menschen führen zu Störungen im Wasser-, Elektrolyt- und Säure–Basenhaushalt. Diese Störungen können je nach Schwere der Grunderkrankung und Ausmaß der Entgleisung von Wasser, Elektrolyten und Säure–Basen lebensbedrohliche Formen annehmen, wenn sie nicht rechtzeitig und richtig erkannt und in angemessener Zeit beseitigt oder zumindest gebessert werden. Wichtige Voraussetzung für die Therapie ist zunächst die richtige Zuordnung der Störung und die Kenntnis der pathophysiologischen Zusammenhänge. Andernfalls ist es möglich, durch unüberlegte, rein „kosmetische Korrekturen" die Gefährdung des Patienten noch zu erhöhen. Ein Beispiel dafür ist die Hyperkaliaemie beim Coma diabeticum, die durch eine hypertone Dehydratation entsteht und durch Flüssigkeitssubstitution sowie Insulingaben rasch in eine schwere Hypokaliaemie übergehen kann, wenn nicht rechtzeitig und kontrolliert Kalium zugeführt wird.

Das vorliegende Buch behandelt dieses wichtige Gebiet der Störungen des Wasser-, Elektrolyt- und Säure–Basenhaushaltes. In betont vereinfachender Form wird versucht, die zum Teil komplizierten Zusammenhänge von Physiologie und Pathophysiologie des Wassers, der Elektrolyte und der Säuren und Basen im Organismus darzulegen. Ausgehend davon wird die Ätiologie, Klinik und Therapie jeder einzelnen Störung kurz beschrieben. Die einfache und knappe Diktion wurde gewählt, um den in Klinik und Praxis tätigen Kollegen und Mitarbeitern den „Einstieg“ in dieses wichtige Teilgebiet der Medizin zu erleichtern. Für diese Ärzte, Studenten und das Pflegepersonal von Intensivpflegestationen, der Inneren Medizin, Chirurgie und Anaesthesie ist dieses Büchlein in erster Linie bestimmt. Es wird damit keineswegs der Anspruch erhoben, die einschlägige Literatur zu ersetzen.

Bei Herrn Dr. Jürgen Wieczorek vom Springer-Verlag möchte ich mich dafür bedanken, daß er die Herausgabe dieses Buches gefördert und unterstützt hat.

Velbert, im Oktober 1980 GERHARD SCHLEY

Inhaltsverzeichnis

1. Einleitung

Die komplizierten Zusammenhänge zwischen Wasser, Elektrolyten und Säure–Basen im Organismus sind vermutlich das Ergebnis einer im Verlauf von Jahrmillionen entstandenen Entwicklungsgeschichte der meisten Lebewesen unserer Erde. Die langsame Verlagerung des Lebens vom Meer auf das Land brachte zugleich eine Änderung der Salzzusammensetzung mit einem Anstieg des Kaliums in den Zellen und einer Zunahme von Natrium extrazellulär mit sich. Durch das genau abgestimmte System von Elektrolyten, Wasser und Säure – Basen wurde ein höherentwickeltes Erdenleben erst möglich – z. B. die Bildung von Potentialdifferenzen an Zellmembranen durch unterschiedliche Ionenkonzentration als Grundlage zahlreicher elektrophysiologischer Vorgänge. Dieses komplexe Zusammenwirken wird durch verschiedene Regulationsorgane (Niere, Lungen, endokrine Organe) überwacht und gegebenenfalls ausgeglichen. Mit der vorliegenden Broschüre soll versucht werden, in einfacher verständlicher Form die physiologischen und pathophysiologischen Vorgänge des Wasser-, Elektrolyt- und Säure–Basen-Haushaltes darzulegen.

2. Chemische Grundbegriffe

Wer sich mit Konzentrationen von Elektrolyten und Säure –Basen in Flüssigkeiten befaßt, kommt nicht umhin, sich einiger chemischer Grundkenntnisse zu erinnern:

Mol (Molgewicht, Molekulargewicht)

Ein Mol eines Stoffes ist sein Molekulargewicht in Gramm, z. B. für NaOH:

Chem. Symbol	Molekulargewicht
Na^+	23
$O^=$	16
H^+	1
1 Mol NaOH =	40 g

1 mol = 1000 mmol = 1000000 µmol

Die Anzahl der Moleküle im Mol eines jeden Stoffes ist die gleiche – entsprechend der Avogadroschen Zahl (= 6×10^{23} Moleküle), z. B.

1 mol NaOH = 40 g = 6×10^{23} Moleküle NaOH
1 mol HCl = 36 g = 6×10^{23} Moleküle HCl

Das heißt, daß 1 mol NaOH und 1 mol HCl in irgendeinem Volumen die gleiche Anzahl Moleküle enthalten. Entsprechend sind auch die Konzentrationen von H^+-Ionen und OH^--Ionen gleich, so daß beim Zusammengeben von 1 mol NaOH und 1 mol HCl Neutralisation eintritt.
Anders verhält es sich beim Zusammentreffen von 1 mol NaOH und 1 mol H_2SO_4:

1 mol NaOH = 40 g = 6×10^{23} Moleküle NaOH
1 mol H_2SO_4 = 50 g = 6×10^{23} Moleküle H_2SO_4

In diesem Falle tritt eine saure Reaktion auf, da doppelt soviele H^+-Ionen wie OH^--Ionen enthalten sind.

Molarität
Molare Lösungen sind Lösungen, die in 1 Liter 1 Mol eines Stoffes enthalten (1 mol/l).

Molalität
Molale Lösungen sind Lösungen, die in 1 kg Wasser 1 Mol eines Stoffes enthalten (1 mol/kg).

Stöchiometrische Wertigkeit
Die stöchiometrische Wertigkeit bezeichnet die Zahl der Atome, die gebunden werden können – bei Chlor 1, bei Sauerstoff 2, bei Stickstoff 3. Bei vielen Elementen ist die Wertigkeit in allen Verbindungen die gleiche – z. B. Wasserstoff = 1, Sauerstoff = 2, Natrium = 1, Kalzium = 2 und Aluminium = 3.
Andere Elemente kommen mit wechselnder Wertigkeit vor – z. B. Chlor, Stickstoff, Kupfer.

CuO : Kupfer zweiwertig
Cu_2O: Kupfer einwertig

Äquivalentgewicht (Val)
ist das Atomgewicht dividiert durch die Wertigkeit

$$\text{Äquivalentgewicht} = \frac{\text{Atomgewicht in Gramm}}{\text{Wertigkeit}}$$

z. B.:

$$\text{Äquivalentgewicht von Sauerstoff} = \frac{16}{2} = 8$$

Äquivalentgewicht von Kaliumchlorid

$$(\text{KCl}) = \frac{39{,}1 + 35{,}5}{1} = 74{,}6$$

1 val = 1000 mval = 1 000 000 μval

Normalgewicht
Das Normalgewicht eines Stoffes ist das Molekulargewicht dividiert durch die Wertigkeit bzw. Wertigkeitsänderung

$$\text{Normalgewicht} = \frac{\text{Molekulargewicht in Gramm}}{\text{Wertigkeit}}$$

z. B. für HCl:
Molekulargewicht = 1 + 35 = 36
Wertigkeit = 1
Normalgewicht = 36
für HCl sind Normalgewicht und Molekulargewicht gleich

für H_2SO_4:
Molekulargewicht = 2 + 16 + 32 = 50
Wertigkeit = 2
Normalgewicht = 50/2 = 25

Normale Lösungen

Normale Lösungen sind Lösungen, die in 1 l das Normalgewicht eines Stoffes enthalten;

z. B. 36 g HCl in 1 l gelöst ist eine 1-normale HCl-Lösung.

H_2SO_4 würde bei Dissoziation je Molekül 2 H^+-Ionen bilden. In einer molaren Lösung H_2SO_4 (50 g H_2SO_4/l) wären also doppelt so viel H^+-Ionen dissoziiert wie in einer molaren HCl-Lösung (36 g HCl/l). Nimmt man eine Lösung, die nur halb so viel Schwefelsäure enthält (25 g = Normalgewicht), so wird die Konzentration von H^+-Ionen ebenfalls gleich 1 sein, also genauso groß sein wie die einer 1-molaren bzw. 1-normalen HCl-Lösung.

Umrechnung von mg % in mval/l bzw. in mmol/l

zur Erklärung:

mg % = mg/100 ml

mval/l = mÄq/l – ist das $\frac{1}{1000}$ Äquivalentgewicht eines Stoffes in 1 l;

$$\text{Äquivalentgewicht} = \frac{\text{Atomgewicht}}{\text{Wertigkeit}}$$

mmol/l – ist $\frac{1}{1000}$ mol eines Stoffes in 1 l;

Mol bzw. Molgewicht = Molekulargewicht in g

Umrechnungsformeln

$$(1)\quad \text{mmol/l} = \frac{\text{mval/l}}{\text{Wertigkeit}}$$

$$(2) \qquad = \frac{\text{mg\%} \times 10}{\text{Molgewicht}} = \frac{\text{g\%} \times 10000}{\text{Molgewicht}}$$

$$(3)\ \text{mval/l} = \text{mmol/l} \times \text{Wertigkeit}$$

$$(4) \qquad = \frac{\text{mg\%} \times 10}{\text{Äquivalentgewicht}}$$

$$(5)\ \text{mval} = \frac{\text{mg}}{\text{Äquivalentgewicht}}$$

$$(6)\ \text{mg} = \text{mval} \times \text{Äquivalentgewicht}$$

Beispiele (s. auch Tabelle 1)

Kalium:
Atomgewicht = 39,1
Molekulargewicht = 39,1
Wertigkeit = 1

$$\text{Äquivalentgewicht} = \frac{39{,}1}{1} = 39{,}1$$

$$1\ \text{val}\ K^+ = \frac{39{,}1}{1} = 39{,}1\ \text{g}\ K^+$$

$$1\ \text{mval}\ K^+ = \frac{39{,}1}{1000} = 0{,}0391\ \text{g}\ K^+ = 39{,}1\ \text{mg}\ K^+$$

1 mval/l K^+ = 39,1 mg/1000 ml = 3,91 mg/100 ml
1 mval/l K^+ = 1 mmol/l = 3,91 mg/100 ml

für Kalium gilt:

$$\text{mval/l} = \text{mmol/l} = \text{mg\%} \times \frac{10}{39{,}1}$$

$$= \text{mg\%} \times 0{,}2557$$

Natrium:
Atomgewicht = 23
Molekulargewicht = 23
Wertigkeit = 1

$$\text{Äquivalentgewicht} = \frac{23}{1} = 23$$

$$1 \text{ val } Na^+ = \frac{23}{1} = 23 \text{ g } Na^+$$

$$1 \text{ mval } Na^+ = \frac{23}{1000} = 0{,}023 \text{ g } Na^+ = 23 \text{ mg Na}$$

$1 \text{ mval/l } Na^+ = 23 \text{ mg/1000 ml} = 2{,}3 \text{ mg/100 ml}$
$1 \text{ mval/l } Na^+ = 1 \text{ mmol/l} = 2{,}3 \text{ mg/100 ml}$

für Natrium gilt:

$$\text{mval/l} = \text{mmol/l} = \text{mg\%} \times \frac{10}{23}$$

$$= \text{mg\%} \times 0{,}4347$$

Chlor:
Atomgewicht = 35,5
Molekulargewicht = 35,5
Wertigkeit = 1

$$\text{Äquivalentgewicht} = \frac{35{,}5}{1} = 35{,}5$$

$$1 \text{ val } Cl^- = \frac{35{,}5}{1} = 35{,}5 \text{ g } Cl^-$$

$$1 \text{ mval } Cl^- = \frac{35{,}5}{1000} = 0{,}0355 \text{ g } Cl^- = 35{,}5 \text{ mg } Cl^-$$

$1\ \text{mval/l}\ Cl^- = 35{,}5\ \text{mg}/1000\ \text{ml} = 3{,}55\ \text{mg}/100\ \text{ml}$
$1\ \text{mval/l}\ Cl^- = 1\ \text{mmol/l} = 3{,}55\ \text{mg}/100\ \text{ml}$

für Chlor gilt:

$$\text{mval/l} = \text{mmol/l} = \text{mg\%} \times \frac{10}{35{,}5}$$

$$= \text{mg\%} \times 0{,}2816$$

Kalzium:
Atomgewicht = 40
Molekulargewicht = 40
Wertigkeit = 2

$$\text{Äquivalentgewicht} = \frac{40}{2} = 20$$

$$1\ \text{val}\ Ca^{++} = \frac{40}{2} = 20\ \text{g}\ Ca^{++}$$

$$1\ \text{mval}\ Ca^{++} = \frac{20}{1000} = 0{,}02\ \text{g}\ Ca^{++} = 20\ \text{mg}\ Ca^{++}$$

$1\ \text{mval/l}\ Ca^{++} = 20\ \text{mg}/1000\ \text{ml} = 2\ \text{mg}/100\ \text{ml}$
$1\ \text{mval/l}\ Ca^{++} = 2\ \text{mmol/l} = 2\ \text{mg}/100\ \text{ml}$

für Kalzium gilt:
$\text{mval/l} = 2\ \text{mmol/l}$

$$\text{mval/l} = \text{mg\%} \times \frac{10}{20} = \text{mg\%} \times 0{,}5$$

$$\text{mmol/l} = \text{mg\%} \times \frac{10}{40} = \text{mg\%} \times 0{,}25$$

$\text{mmol/l} = 0{,}5\ \text{mval/l}$

Bikarbonat (HCO_3^-)

Atomgewichte $H = 1$

$C = 12$

$O_3 = 48$

Molekulargewicht $= 61$

Wertigkeit = 1

$$\text{Äquivalentgewicht} = \frac{61}{1} = 61$$

$$1 \text{ val } HCO_3^- = \frac{61}{1} = 61 \text{ g } HCO_3^-$$

$$1 \text{ mval } HCO_3^- = \frac{61}{1000} = 0{,}061 \text{ g } HCO_3^-$$

$$= 61 \text{ mg } HCO_3^-$$

1 mval/l HCO_3^- = 61 mg/1000 ml = 6,1 mg/100 ml

1 mval/l HCO_3^- = 1 mmol/l = 6,1 mg/100 ml

Tabelle 1. Umrechnung von mval in mg für die wichtigsten Elektrolyte

mg = mval · Äquivalentgewicht

	Atomgewicht	Äquivalent-gewicht	mval/l	mg/l	mg/100 ml
Na^+	23	23	140	3220	322
K^+	39,1	39,1	4	156,4	15,64
Cl^-	35,5	35,5	100	3550	355
Ca^{++}	40	20	5	100	10

Wieviel mg Kalium sind in 1 g Kaliumchlorid enthalten?
1 g KCl = 1000 mg KCl

$$\text{Äquivalentgewicht von } K^+ = \frac{39{,}1}{1} = 39{,}1$$

$$\text{Äquivalentgewicht von } Cl^- = \frac{35{,}5}{1} = 35{,}5$$

$$\text{Äquivalentgewicht von KCl} = \frac{39{,}1 + 35{,}5}{1} = 74{,}6;$$

das sind in mval (mÄq) ausgedrückt (s. Formel 5, S. 6):

$$\text{mval} = \frac{\text{mg}}{\text{Äquivalentgewicht}}$$

$$= \frac{1000}{74{,}6}$$

$$= 13{,}4 \text{ mval } K^+$$

13,4 mval K^+ sind in mg umgerechnet (s. Formel 6, S. 6):
mg = mval × Äquivalentgewicht
= 13,4 × 39,1
= 524 mg K^+
In 1 g KCl sind also 524 mg Kalium enthalten

Der Chlor-Anteil an 1 g KCl beträgt:
Äquivalentgewicht von KCl = 74,6,
das sind in mval ausgedrückt

$$\text{mval} = \frac{1000}{74{,}6}$$

$$= 13{,}4 \text{ mval } Cl^-$$

13,4 mval Cl^- sind in mg umgerechnet
mg = 13,4 × 35,5
= 476 mg
In 1 g Kaliumchlorid sind also 524 mg Kalium und 476 mg Chlor enthalten.

Wieviel mmol NaCl sind in 500 ml 0,9%iger NaCl-Lösung enthalten?

500 ml 0,9%ige NaCl-Lösung
= 100 ml 0,9 g NaCl
= 900 mg NaCl/100 ml = 900 mg%
= 4500 mg NaCl/500 ml

Atomgewicht Na^+ = 23
Atomgewicht Cl^- = 35,5

Molgewicht NaCl = 58,5
1 mol NaCl = 58,5 g NaCl/1000 ml
1 mmol NaCl = 0,0585 g NaCl/1000 ml
1 mmol NaCl = 58,5 mg NaCl/1000 ml
1 mmol NaCl = 29,25 mg NaCl/500 ml

29,25 mg NaCl/500 ml = 1 mmol NaCl

$$4500 \text{ mg NaCl/500 ml} = \frac{1 \times 4500}{29{,}25} = 153{,}85 \text{ mmol NaCl}$$

oder nach Formel 2 (S. 6):

$$\text{mmol/l} = \frac{\text{mg\%} \times 10}{\text{Molgewicht}}$$

nach obiger Rechnung sind
500 ml 0,9 %ige NaCl = 900 mg% NaCl
Molgewicht NaCl = 58,5

$$\text{mmol NaCl/l} = \frac{900 \times 10}{58{,}5}$$

$$= 153{,}85$$

Wieviel mg/l Natrium sind 142 mval/l?

142 mval/l = 142 mÄq/l

$$\text{Äquivalentgewicht} = \frac{\text{Atomgewicht in g}}{\text{Wertigkeit}}$$

$$\text{Äquivalentgewicht für } Na^+ = \frac{23}{1} = 23 \text{ g } Na^+$$

1 Äq bzw. 1 val Na^+ = 23 g Na^+
1 mÄq bzw. 1 mval Na^+ = 0,023 g = 23 mg Na^+
142 mval Na^+ = 23 × 142 mg Na^+
= 3266 mg Na^+

oder nach Formel 6 (s. S. 6):

mg = mval × Äquivalentgewicht
= 142 × 23
= 3266 mg Na^+

142 mval/l Na^+ sind also 3266 mg/l Na^+

3. Störungen des Wasser- und Natrium-Haushaltes

Zwischen Wasserhaushalt und Elektrolyten – insbesondere Natrium – bestehen so enge Zusammenhänge, daß eine gemeinsame Besprechung von Störungen des Wasser- und des Natrium-Haushaltes nicht zu umgehen ist.

3.1. Physiologie und Pathophysiologie

Das Gesamtkörpergewicht des erwachsenen Menschen besteht zu 60% aus Wasser (Frauen ca. 50%, Männer ca. 60%, Säuglinge ca. 75%). Dieses Wasser ist auf verschiedene Flüssigkeitsräume verteilt: Der größte Teil (40% des Körpergewichtes) befindet sich innerhalb der Zellen (intrazelluläre Flüssigkeit), ein kleiner Teil (20% des Körpergewichtes) außerhalb der Zellen (extrazelluläre Flüssigkeit). Zur extrazellulären Flüssigkeit rechnet man das in den Gefäßen zirkulierende Flüssigkeitsvolumen (intravasale Flüssigkeit; 4% des Körpergewichtes) und die im Interstitium befindliche Flüssigkeit (interstitielle oder extravasale Flüssigkeit; 16% des Körpergewichtes) (s. Abb. 1 u. Tabelle 2). Intravasales Flüssigkeitsvolumen und Plasmavolumen sind weitgehend identisch. Plasmavolumen und Gesamt-Erythrozytenvolumen (3% des Körpergewichtes) ergeben zusammen das Gesamt-Blutvolumen (7% des Körpergewichtes).

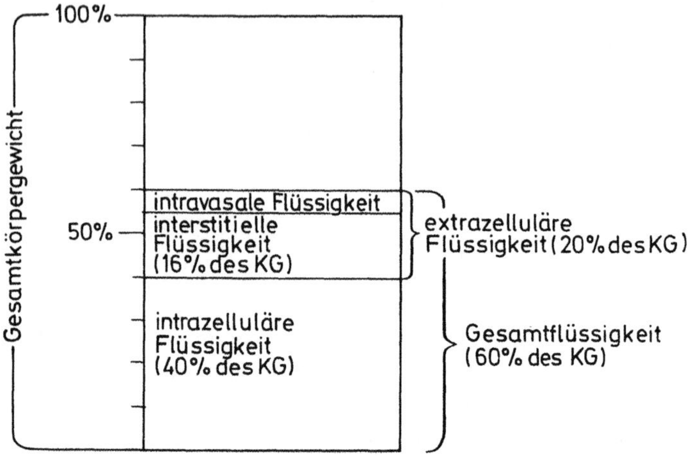

Abb. 1. Anteil des Wassers in den verschiedenen Flüssigkeitsräumen am Gesamtkörpergewicht

Tabelle 2. Anteil des Wassers in den verschiedenen Flüssigkeitsräumen bei einem Menschen mit 70 kg Körpergewicht

Interstitielle Flüssigkeit	16%	11,2 l
Intravasale Flüssigkeit	4%	2,8 l
Extrazelluläre Flüssigkeit	20%	14,0 l
Intrazelluläre Flüssigkeit	40%	28,0 l
Gesamtflüssigkeit	60%	42,0 l
Gesamte feste Bestandteile	40%	28,0 kg
Gesamtkörpergewicht	100%	70,0 kg

Ein ausgeglichener Wasserhaushalt setzt eine ausgeglichene Bilanz von Wasserein- und Wasserausfuhr voraus (s. Tabelle 3). Dabei muß bei der Zufuhr von Wasser durch Flüssigkeitsaufnahme und feste sowie halbfeste Nahrung auch das im intermediären Stoffwechsel entstehende Oxi-

Tabelle 3. Wasserbilanz eines erwachsenen Menschen

Zufuhr Wasser/24 h		Ausfuhr Wasser/24 h	
Flüssigkeit	1200 ml	Urin	1500 ml
Feste und halbfeste	1000 ml	Haut	500 ml
Nahrung		Lungen	400 ml
Oxidationswasser	300 ml	Stuhl	100 ml
Gesamtzufuhr	2500 ml	Gesamtausfuhr	2500 ml

dationswasser (ca. 300 ml) zugerechnet werden. Die Wasserausfuhr erfolgt außer über die Nieren auch über die Haut, Lungen und den Darm (Perspiratio insensibilis, ca. 1000 ml). Bei genauer Bilanzierung der zu- und ausgeführten Flüssigkeitsmengen muß ein nicht exakt meßbarer Flüssigkeitsverlust von ca. 700 ml (Perspiratio insensibilis ca. 1000 ml minus Oxidationswasser ca. 300 ml) berücksichtigt werden.

Wichtiger Bestandteil der Flüssigkeit in den verschiedenen Flüssigkeitsräumen sind die Elektrolyte – die Kationen Natrium, Kalium, Kalzium und Magnesium sowie die Anionen Chlorid, Bikarbonat, Phosphat, Sulfat, organische Säuren und Proteine. In der Zusammensetzung und Konzentration der Elektrolyte bestehen zwischen intravasaler (Plasma) und interstitieller Flüssigkeit nur geringe Unterschiede.

Einziger wesentlicher Unterschied ist die Eiweißkonzentration; sie beträgt in der interstitiellen Flüssigkeit ca. 0,4 g% und im Plasma 6–8 g% und ist mit der geringen Permeabilität der Kapillarmembran für Proteine zu erklären.

Demgegenüber ist die intrazelluläre Na^+-Konzentration deutlich niedriger als die extrazelluläre, und umgekehrt ist die K^+-Konzentration intrazellulär wesentlich höher als extrazellulär (s. Abb. 2). Durch diese unterschiedliche

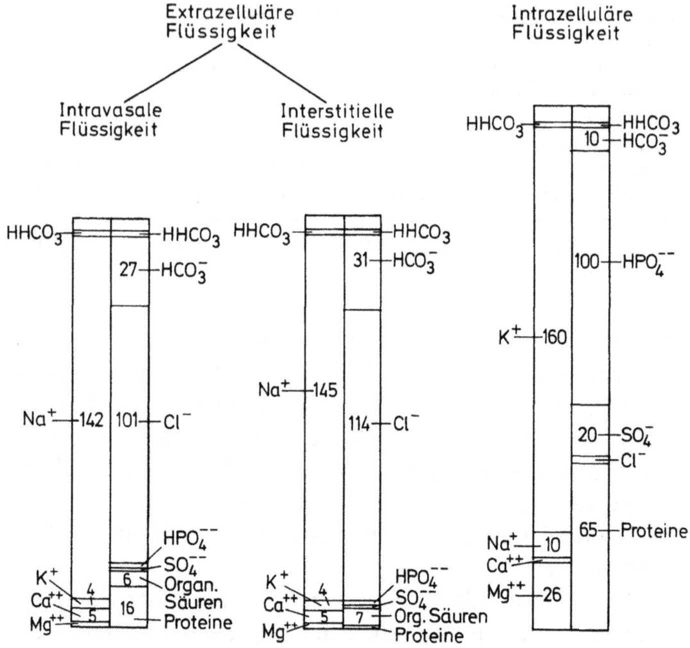

Abb. 2. Elektrolytzusammensetzung (mval/l)

Elektrolytzusammensetzung entstehen Potentialdifferenzen zwischen Intra- und Extrazellulärraum, die u. a. für die elektrische Erregbarkeit der Zellen verantwortlich sind. Ein aktiver Transportmechanismus (sog. Na^+- und K^+-Pumpe) sorgt für einen fortlaufenden Ausgleich von Kationen und Anionen zwischen intra- und extrazellulärer Flüssigkeit. Im Plasma beträgt der Anteil der Na^+-Ionen ca. 140 mval/l, der K^+-Ionen nur 4 mval/l und der Cl^--Ionen ca. 100 mval/l. Sämtliche Kationen und Anionen zusammen erreichen eine Konzentration von je 160 mval/l. Das bedeutet, daß Na^+- und Cl^--Ionen den Hauptanteil der Ionen im Extrazellulärraum stellen und somit in erster Linie den osmotischen Druck in diesem Flüssigkeitsbereich ausmachen. Insbesondere Natrium, das allein 90% der Kationen im extrazellulären Raum stellt, ist somit entscheidend für den Bestand des extrazellulären Flüssigkeitsvolumens (Erklärung s. später).

Die Ausscheidung der Ionen erfolgt fast ausschließlich über die Nieren. Natrium wird in den Glomerula der Nieren filtriert und in den Tubuli nahezu vollständig rückresorbiert (65% im proximalen Tubulus, 25% in der Henleschen Schleife und 9% im distalen Tubulus; nach anderen Angaben 85% im proximalen Tubulus und 14,5% im distalen Tubulus). 0,5–1% des filtrierten Natriums wird mit dem Urin ausgeschieden. Die tägliche Natrium-Ausscheidung beträgt ca. 180 mval/24 h (120–220 mval/24 h). Eine entsprechend große Menge an Natrium (2–6 g = 87–261 mval) wird täglich vom Körper aufgenommen (s. Abb. 3 u. 10).

Kalium wird ebenfalls in den Nieren glomerulär filtriert, anschließend im proximalen Tubulusapparat vollständig rückresorbiert und in den distalen Tubuli im Austausch gegen Natrium in den Harn sezerniert. Für diesen Vorgang ist das Vorhandensein von Aldosteron (s. unten) erforderlich. Die tägliche K^+-Ausscheidung beträgt 75–100 mval bzw. 3–4 g (s. Abb. 3 u. 11).

Die Ausscheidung der Cl^--Ionen erfolgt ebenfalls durch glomeruläre Filtration und tubuläre Rückresorption. Dabei entspricht die Rückresorption aus den Tubuli für Cl^--Ionen der Menge rückresorbierter Na^+-Ionen; diese angepaßte Rückresorption von Na^+- und Cl^--Ionen erfolgt aus elektrochemischen Verteilungsgründen. Täglich werden 120–240 mval Chlor mit dem Urin ausgeschieden (s. Abb. 3 u. 12).

Die Ausscheidung von Wasser ist eng mit der Elektrolytausscheidung, insbesondere von Natrium, verbunden. Denn die Ausscheidung der Elektrolyte ist die Voraussetzung für die Mitnahme eines osmotischen Äquivalentes

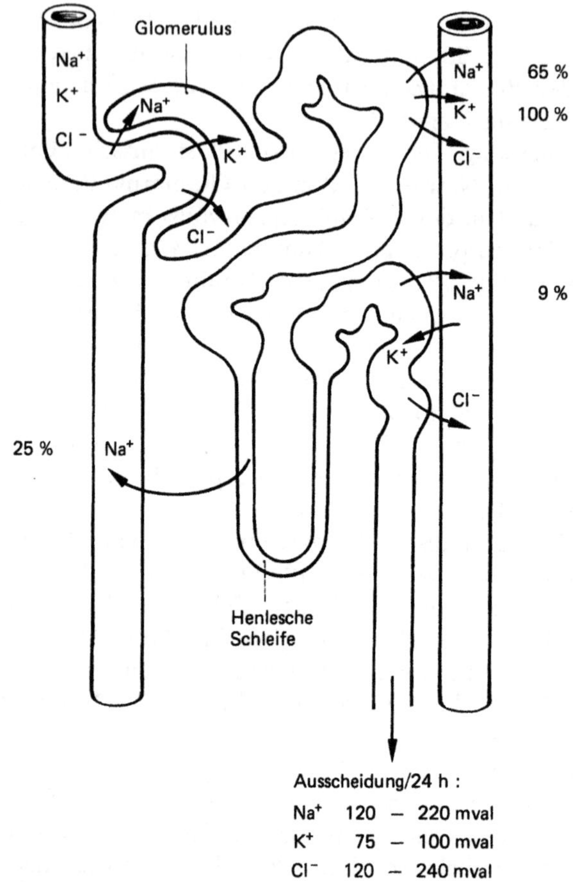

Abb. 3. Filtration, Rückresorption, Exkretion und Ausscheidung der Elektrolyte Na^+, K^+, Cl^-

Wasser: Aufgrund einer hohen Wasserpermeabilität im proximalen Tubulusbereich der Nieren strömt den resorbierten Salzen passiv die entsprechende Menge Wasser nach, so daß die Na^+-Konzentration in der Tubulusflüssigkeit und im peritubulären Gewebe gleich bleibt. Insgesamt

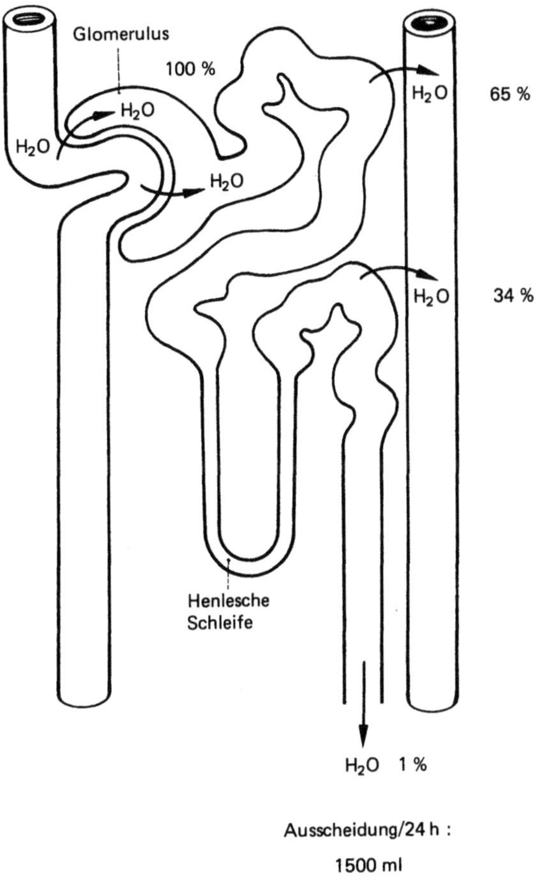

Abb. 4. Filtration und Rückresorption von Wasser

werden 99% des im Glomerulum filtrierten Wassers in den Tubuli wieder rückresorbiert, davon allein 65% im proximalen Tubulus, der Rest im distalen Tubulus (s. Abb. 4). Der Organismus ist bestrebt, Flüssigkeitsvolumen, Elektrolytzusammensetzung und damit den osmotischen Druck

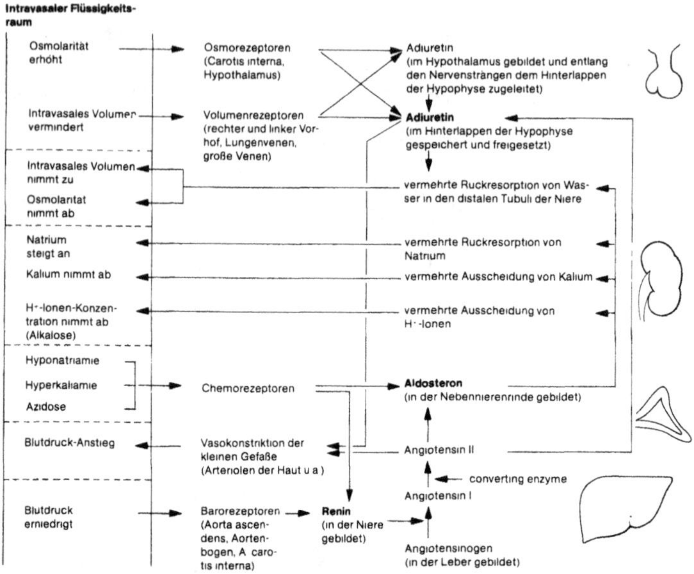

Abb. 5. Regulation von Osmolarität, Flüssigkeitsvolumen, Elektrolyten, H^+-Ionenkonzentration und Blutdruck über das Adiuretin- und das Renin-Angiotensin-Aldosteron-System

möglichst konstant zu halten. Dies geschieht regulativ über das Adiuretin des Hypophysenvorderlappens und das Renin-Angiotensin-Aldosteron-System der Niere bzw. der Nebennierenrinde (s. Abb. 5).

1. Das *Adiuretin* = Vasopressin (auch antidiuretisches Hormon oder kurz ADH genannt) wird in den Nuclei supraoptici und paraventriculares im Hypothalamus gebildet und entlang den Nervensträngen dem Hinterlappen der Hypophyse zugeleitet und dort gespeichert. Über Osmorezeptoren in der Carotis interna und im Hypothalamus wird bei einer Zunahme des osmotischen Druckes Adiuretin freigesetzt. Das freigesetzte Adiure-

tin bewirkt eine Permeabilitätssteigerung in den distalen Tubuli der Niere. Dadurch wird vermehrt Wasser rückresorbiert, bis die Isotonie wieder hergestellt ist. Bei einem Fehlen von Adiuretin kommt es zu dem Krankheitsbild des Diabetes insipidus mit Polyurie (große Harnvolumina) und Polydipsie (gesteigerter Durst).
Außer der Antidiurese bewirkt das Adiuretin eine Vasokonstriktion der Hautgefäße und der Gefäße des Pfortaderkreislaufes mit konsekutivem Blutdruckanstieg. Die Vasokonstriktion wird aber im Vergleich mit der antidiuretischen Wirkung erst bei 1000-fach höheren Dosen erzielt.

2. Das *Renin-Angiotensin-Aldosteron*-System dient ebenfalls der Konstanthaltung von Flüssigkeitsvolumen, Elektrolytkonzentration (Osmolarität) und arteriellem Blutdruck. Von den beteiligten Hormonen wird das *Renin* im juxtaglomerulären Apparat in der Niere gebildet (s. Abb. 6). Unter dem Einfluß von Renin wird das in der Leber gebildete Alpha$_2$-Globulin Angiotensinogen in *Angiotensin I* (ein Decapeptid) übergeführt und anschließend das Angiotensin I durch ein in vielen Geweben und in besonders hoher Konzentration in der Lunge vorhandenes „converting enzyme" in Angiotensin II (ein Octapeptid) umgewandelt. *Angiotensin II* hat eine starke vasokonstriktorische Wirkung auf die Arteriolen mit konsekutivem Blutdruckanstieg. Darüber hinaus senkt es die glomeruläre Filtration durch eine Minderung der Nierendurchblutung, stimuliert die Sekretion von Adiuretin und von Aldosteron und fördert die Natrium-Reabsorption in den Tubuli der Nieren (antinatriuretischer Effekt) über das Aldosteron.
Aldosteron wird in der Zona glomerulosa der Nebennierenrinde gebildet und beeinflußt den gesamten Wasser-, Elektrolyt-, Säure–Basen-Haushalt durch eine Steigerung der Wasser-Rückresorption und die Reabsorption

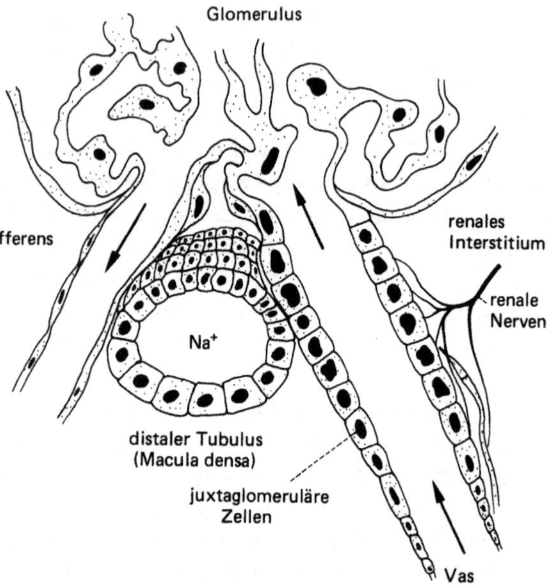

Abb. 6. Der juxtaglomeruläre Apparat (schematische Darstellung)

von Natrium im Austausch gegen Kalium- und Wasserstoffionen in den distalen Tubuli der Nieren: Natrium wird im distalen Tubulus aus dem Filtrat je nach Bedarf bzw. je nach der Sekretion von Aldosteron rückresorbiert. Zugleich wird ein osmotisches Äquivalent Wasser rückresorbiert. Infolge der Natrium-Rückresorption entsteht ein elektrisches Potentialgefälle (transtubuläre elektrische Spannungsdifferenz). Das Tubuluslumen wird gegenüber dem Interstitium elektrisch negativ. Dieses elektrische Potentialgefälle wird dadurch ausgeglichen, daß K^+-Ionen und H^+-Ionen in äquimolarer Menge in das Tubuluslumen abgegeben werden. Dabei ist noch offen, ob Kalium passiv diffundiert oder aktiv sezerniert wird. Im Falle einer gesteigerten Al-

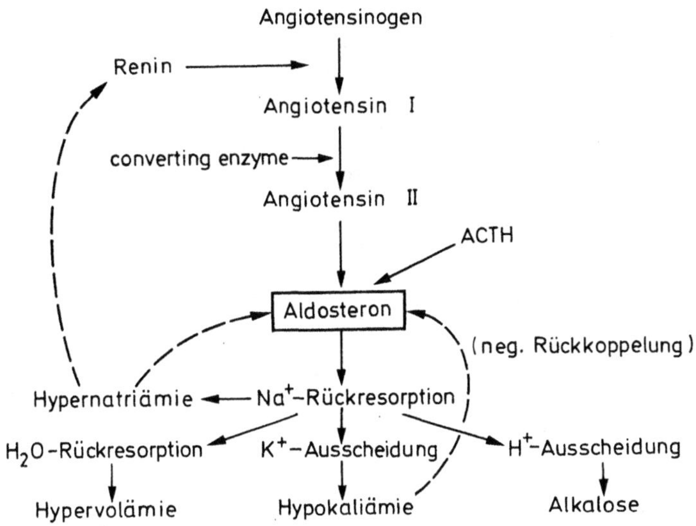

Abb. 7. Aldosteronsystem

Tabelle 4. Sekundärer Hyperaldosteronismus

1. Herzinsuffizienz →
Stauung des Blutes in der Peripherie und/oder Lunge →
Absinken des „effektiven" Blutvolumens

2. Leberzirrhose →
Erhöhter Pfortaderdruck →
Füllungskapazität des Splanchnikusgebietes vergrößert (Aszites) →
Absinken des „effektiven" Blutvolumens

→ Kompensatorische Gegenregulation durch vermehrte Aldosteron-Sekretion →

Vermehrte Natrium- und Wasserrückresorption

Tabelle 5. Regulation beim intravasalen Volumenmangel

Intravasaler (extrazellulärer) Volumenmangel →

→ Zunahme des osmotischen Druckes →
Osmorezeptoren in Carotis interna und Hypothalamus stimuliert →
Adiuretin in der Hypophyse freigesetzt

→ Volumenrezeptoren in Vorhöfen und Venen stimuliert →
Adiuretin in der Hypophyse freigesetzt

→ Blutdruckabfall →
Barorezeptoren in Aorta und Carotis stimuliert →
Renin in den Nieren vermehrt freigesetzt →
Angiotensin I und II vermehrt gebildet →
Aldosteron in der Nebennierenrinde vermehrt freigesetzt →
Natrium-Rückresorption vermehrt

→ Nieren vermindert durchblutet →
Renin in den Nieren vermehrt freigesetzt →
Angiotensin I und II vermehrt gebildet →
Aldosteron in der Nebennierenrinde vermehrt freigesetzt →
Natrium-Rückresorption vermehrt

Vermehrte Rückresorption von Wasser in den Tubuli ←
der Nieren

dosteronproduktion (Hyperaldosteronismus) kommt es darum zu einer Hypernatriämie mit Retention von Wasser, einer Hypokaliämie und Alkalose (s. Abb. 7 u. Tabelle 4).

Die Aldosteronsekretion wird u. a. durch Angiotensin II, Corticotropin (ACTH) und K^+-Ionen beeinflußt (s. Abb. 7). Dabei sind Angiotensin II und K^+-Ionen Teile der negativen Rückkoppelungsschleifen, welche das zirkulierende Aldosteron steuern: Bei Auftreten einer Hypokaliämie wird die Aldosteronsekretion gehemmt; damit wird weniger Natrium rückresorbiert; dadurch wird im Austausch mit Natrium weniger Kalium ausgeschieden und so die Hypokaliämie ausgeglichen.

Umgekehrt ist der Ablauf bei Auftreten einer Hyperkaliämie. Inwieweit die Aldosteronsekretion durch Natrium beeinflußt wird, ist noch nicht entschieden.

Das Zusammenspiel der Regulationsmechanismen zur Aufrechterhaltung eines konstanten Volumens sei anhand des akut aufgetretenen intravasalen (extrazellulären) Volumendefizits erklärt (s. Tabelle 5): Durch den intravasalen Volumenmangel kommt es über eine Zunahme des osmotischen Druckes über Osmorezeptoren und/oder auch direkt über Volumenrezeptoren zur Freisetzung von Adiuretin und damit zu einer vermehrten Wasserrückresorption in den Tubuli der Nieren. Eine andere Regulation ist über das Renin-Angiotensin-Aldosteron-System möglich, das entweder durch einen Blutdruckabfall mit konsekutiver Stimulierung der Barorezeptoren oder direkt infolge einer Abnahme der Nierendurchblutung in Gang gesetzt wird. Das Aldosteron bewirkt ebenfalls eine vermehrte Wasserrückresorption vorwiegend über eine vermehrte Rückresorption von Natrium. Dadurch wird das Volumen wieder ausgeglichen und die negative Rückkoppelungsschleife geschlossen.

Umgekehrt wird die Reninsekretion und damit die Angiotensin-Aldosteroninkretion bei einer Druckzunahme im Vas afferens der Niere oder bei einem Abfall der Natriumkonzentration supprimiert.

3.2. Ätiologie und Klinik

Die Aufrechterhaltung eines konstanten osmotischen Druckes (Isotonie) und Volumens (Isovolämie) im Organismus erfolgt in erster Linie über die Regulation des Wasser- und des Natrium-Haushaltes. Störungen im Natrium-Haushalt bedingen in der Regel auch Störungen des Wasser-Haushaltes und umgekehrt.

Man unterscheidet:

1. die Dehydratation = Herabsetzung des extrazellulären Flüssigkeitsvolumens,
2. Die Hydratation (Hyperhydratation) = Erhöhung des extrazellulären Flüssigkeitsvolumens.

3.2.1. Dehydratation

Änderungen des extrazellulären Flüssigkeitsvolumens können mit einer normalen, erhöhten oder herabgesetzten Natriumkonzentration bzw. Osmolarität verbunden sein. Entsprechend differenziert man eine isotone, hypertone oder hypotone Dehydratation (s. Tabelle 6).

1. Bei der *isotonen Dehydratation* (extrazellulärer Blut- oder Plasmamangel) hat die verlorene Flüssigkeit die gleiche Salzkonzentration wie das Plasma. Dies führt dazu, daß die Salzkonzentration im Plasma bzw. die Osmolarität unverändert bleibt. Eine isotone Dehydrata-

Tabelle 6. Einteilung der Störungen des Wasser- und Natriumhaushaltes

A. Dehydratation = Herabsetzung des extrazellulären Flüssigkeitsvolumens

1. Isotone Dehydratation (extrazellulärer Blut- oder Plasmamangel) – normale Natriumkonzentration im Serum
2. Hypertone Dehydratation (Durstexsikkose) – erhöhte Natriumkonzentration im Serum
3. Hypotone Dehydratation (Natriummangel) – herabgesetzte Natriumkonzentration im Serum

B. Hydratation = Erhöhung des extrazellulären Flüssigkeitsvolumens

1. Isotone Hydratation – normale Natriumkonzentration im Serum
2. Hypertone Hydratation – erhöhte Natriumkonzentration im Serum
3. Hypotone Hydratation – herabgesetzte Natriumkonzentration im Serum

tion findet man nach Erbrechen, Diarrhoen, Blutungen, Plasmaverlusten, Sekretverlusten aus Fisteln, Aszitespunktionen, Anwendung von Diuretika (s. Tabelle 7).

2. Die *hypertone Dehydratation* (Durstexsikkose) entsteht durch ungenügende Flüssigkeitsaufnahme oder erhöhte Flüssigkeitsabgabe mit konsekutiver Zunahme der Salzkonzentration und der Osmolarität. Erhöhte Flüssigkeitsverluste treten auf bei starkem Schwitzen, Fieber, in der polyurischen Phase des akuten Nierenversagens, beim ungenügend eingestellten Diabetes mellitus, Diabetes insipidus, bei einer starken Hyperventilation oder auch bei Wasserverlusten durch den Darm (s. Tabelle 8).
3. Die *hypotone Dehydratation* (Natriummangel) ist gekennzeichnet durch eine Abnahme der extrazellulären Flüssigkeit und einen wesentlich stärkeren Verlust an

Tabelle 7. Ursachen der isotonen Dehydratation

1. Erbrechen
2. Diarrhoen
3. Blutungen, Plasmaverluste
4. Fisteln, Drainagen, → Sekretverluste
5. Aszitespunktionen
6. Diuretika

Tabelle 8. Ursachen der hypertonen Dehydratation

1. Verminderte Flüssigkeitszufuhr	
2. Erhöhte Flüssigkeitsabgabe	
Haut:	Schwitzen, Fieber, Verbrennungen
Lunge:	Hyperventilation, Tracheotomie
Niere:	Polyurische Phase des akuten Nierenversagens
	Diabetes mellitus
	Diabetes insipidus
Darm:	Diarrhoen

Tabelle 9. Ursachen der hypotonen Dehydratation

1. Ungenügende Natrium-Zufuhr
2. Erhöhte Natrium-Verluste:
Nierenerkrankungen (Natriumverlustniere)
Nebennierenrindeninsuffizienz
Diuretika
Gehirnerkrankungen
Schwitzen
Erbrechen
Durchfälle

Natrium mit Hyponatriämie und erniedrigter Osmolarität. Um das osmotische Druckgefälle zwischen Intra- und Extrazellulärraum auszugleichen, kommt es zu einer Zunahme des intrazellulären Flüssigkeitsvolumens aus dem Extrazellulärraum; das extrazelluläre Flüssigkeitsvolumen nimmt entsprechend ab. Diese Form der Dehydratation wird bei ungenügender Natriumzufuhr, häufiger aber bei erhöhten Natriumverlusten beobachtet – bei Nierenerkrankungen (Natriumverlustniere, Nebennierenrindeninsuffizienz, nach Diuretika-Einnahme, Gehirnerkrankungen, gelegentlich auch nach starkem Schwitzen, Erbrechen und Durchfällen, wenn die Flüssigkeitsbilanz ohne gleichzeitige Natriumzufuhr ausgeglichen wird) (s. Tabelle 9).

Symptome

Die Symptome der 3 verschiedenen Dehydratationszustände sind zum größeren Teil identisch, so daß sie gemeinsam abgehandelt werden können.

1. Allgemeine klinische Symptome
   Gewichtsabnahme, Abnahme des Gewebeturgors, Trokkenheit von Haut und Schleimhäuten, verminderte Speichelsekretion, Durstgefühl, Oligurie mit hohem spezifischen Gewicht des Harns.
2. Aufgrund der reduzierten intravasalen Flüssigkeits-

menge (Plasmavolumen) mit verringertem Herzminutenvolumen treten Kreislaufsymptome auf: Tachykardie, Abfall des arteriellen Blutdruckes und des zentralvenösen Druckes, Schwindel, evtl. Bewußtseinsverlust.

3. Laboratoriumsbefunde (s. Tabelle 13)
Hämoglobin, Erythrozytenzahl und Hämatokrit sind erhöht, nur bei akuten Blutungen normal oder erniedrigt. Ebenso ist das Gesamteiweiß im Serum erhöht. Bei der isotonen Dehydratation sind mittleres Zellvolumen und mittlerer Hämoglobingehalt der Erythrozyten normal. Bei der hypertonen Dehydratation wird aufgrund des erhöhten Serum-Natriums und der erhöhten Osmolarität im Serum vermehrt Flüssigkeit aus dem Intrazellulärraum in den Extrazellulärraum abgegeben. Entsprechend sind das mittlere Zellvolumen der Erythrozyten kleiner als normal und die mittlere Hämoglobinkonzentration erhöht. Umgekehrt verhält es sich bei der hypotonen Dehydratation: Bei erniedrigtem Natriumgehalt und herabgesetzter Osmolarität im Serum sind das mittlere Erythrozytenvolumen vergrößert und der mittlere Hämoglobingehalt verringert. Infolge der Oligurie wird häufig eine Azotämie (Erhöhung von Harnstoff-N und Kreatinin im Serum) gefunden.

4. Zerebrale Symptome
Wie oben beschrieben, findet bei der hypertonen Dehydratation ein zusätzlicher Flüssigkeitsstrom vom Intra- in den Extrazellulärraum statt und umgekehrt bei der hypotonen Dehydratation vom Extra- in den Intrazellulärraum (Hirnödem). Die Nervenzellen des Gehirns reagieren besonders empfindlich auf solche Flüssigkeitsverschiebungen. Dies führt darum häufig zu Kopfschmerzen, Unruhe, Fieber, Übelkeit, Erbrechen, Verwirrtheitszuständen, Somnolenz oder nicht selten zu komatösen Zuständen (hyperosmolares Koma) und generalisierten Krampfanfällen.

3.2.2. Hydratation

Auch bei der Hydratation unterscheidet man eine isotone, hypertone oder hypotone Hydratation – je nachdem ob eine erhöhte, normale oder erniedrigte Natriumkonzentration vorliegt (s. Tabelle 6).

1. Die *isotone Hydratation* ist eine Zunahme des extrazellulären Flüssigkeitsvolumens ohne Änderung der Natriumkonzentration im Serum bzw. der Osmolarität. Eine solche isotone Hydratation liegt bei Erkrankungen mit generalisierten Ödemen vor: Herzinsuffizienz, Leberzirrhose, akute Glomerulonephritis, chronische Glomerulonephritis nephrotischer Verlaufsform, Morbus Cushing, Behandlung mit Steroiden (s. Tabelle 10).
2. Bei der *hypertonen Hydratation* liegt zunächst eine Vermehrung des extrazellulären Natriums und damit eine

Tabelle 10. Ursachen der isotonen Hydratation

1. Unkontrollierte Infusion isotoner NaCl-Lösungen
2. Ödeme bei
Herzinsuffizienz
Leberzirrhose
Akute Glomerulonephritis
Chronische Glomerulonephritis mit nephrotischem Verlauf
Morbus Cushing, Steroid-Behandlung
Prämenstruelle Ödeme
Schwangerschaftsödeme

Tabelle 11. Ursachen der hypertonen Hydratation

1. Verschlucken von größeren Mengen Meerwasser (Schiffbrüchige)
2. Infusionen von größeren Mengen hypertoner NaCl-Lösungen
3. Morbus Cushing, Steroid-Behandlung
4. Conn-Syndrom
5. Nierenerkrankungen

Erhöhung der Serum-Osmolarität vor. Um das Osmolaritätsgefälle auszugleichen, strömt Wasser aus dem Intra- in den Extrazellulärraum und führt zu einer Dehydratation der Zellen. Hypertone Hydratationen werden bei Schiffbrüchigen, die größere Mengen Meerwasser trinken, außerdem nach hochprozentigen Kochsalzinfusionen, beim Morbus Cushing bzw. durch Steroidmedikation und beim Conn-Syndrom beobachtet (s. Tabelle 11).

3. Kommt es zu einer Zunahme des extrazellulären Flüssigkeitsvolumens und damit zu einer Verdünnungshyponatriämie (Natrium <125 mval/l), so liegt eine *hypotone Hydratation* vor. Zugleich tritt wegen des Osmolaritätsgefälles Wasser auch in den Intrazellulärraum über. Eine solche Störung des Wasserhaushaltes findet man nach Infusionen von hypotonen Lösungen (Glukose, Lävulose) und/oder bei Störungen der Nierenfunktion, gelegentlich auch nach reichlicher peroraler Flüssigkeitszufuhr (s. Tabelle 12).

Tabelle 12. Ursachen der hypotonen Hydratation

1. Infusionen von hypotonen Lösungen
2. Gelegentlich nach reichlicher p. o. Flüssigkeitszufuhr
3. Nierenerkrankungen
4. Störung der Adiuretin-Inkretion:
   Streß (z. B. postoperativ, posttraumatisch)
   paraneoplastisch (Bronchial-Karzinom, Pankreas-Karzinom)
   cerebrale Erkrankungen (Meningitis, Enzephalitis, Schädeltraumen, apoplektischer Insult)
   medikamentös (Oxytozin, Thiazide, Vincristin)
5. Chronische Ödemkrankheiten (schwere Herzinsuffizienz, dekompensierte Leberzirrhose)

Symptome

1. Allgemeine klinische Symptome
   Isotone und hypotone Hydratation sind gekennzeichnet durch generalisierte Ödeme, Dyspnoe und Husten (Überwässerung der Lungen bzw. Lungenödem).
2. Laboratoriumsbefunde (s. Tabelle 13)
   Hämoglobin, Eryhtrozytenzahl, Hämatokrit sowie Gesamteiweiß im Serum sind erniedrigt. Serum-Natrium, mittleres Zellvolumen und mittlerer Hämoglobingehalt der Erythrozyten sind bei der isotonen Hydratation normal, bei der hypertonen Hydratation ist das Serum-Natrium erhöht, entsprechend das mittlere Zellvolumen der Erythrozyten verkleinert und der mittlere Hämoglobingehalt der Erythrozyten vermehrt. Bei der hypotonen Hydratation mit verringerter Serum-Natriumkonzentration ist das mittlere Zellvolumen der Erythrozyten erhöht und der mittlere Hämoglobingehalt der Erythrozyten herabgesetzt.

Tabelle 13. Laboratoriumsbefunde bei Störungen des Wasser- und Natriumhaushaltes

	Dehydratation			Hydratation		
	isotone	hypertone	hypotone	isotone	hypertone	hypotone
Natrium	n	↑	↓	n	↑	↓
Osmolarität	n	↑	↓	n	↑	↓
Hämoglobin	↑	↑	↑	↓	↓	↓
Erythrozytenzahl	↑	↑	↑	↓	↓	↓
Hämatokrit	↑	↑	↑	↓	↓	↓
Mittl. Zellvolumen d. Erythr.	n	↓	↑	n	↓	↑
Mittl. Hb-Gehalt d. Erythr.	n	↑	↓	n	↑	↓
Eiweiß (gesamt)	↑	↑	↑	↓	↓	↓

↑ = erhöht ↓ = vermindert n = normal

$$\text{Osmolarität [m Osm/l]} = 2 \times (\text{Na} + \text{K}) + \frac{\text{BZ}}{18} + \frac{\text{HN}}{2{,}8}$$

Na = Natriumgehalt im Serum in mval/l
K = Kaliumgehalt im Serum in mval/l
BZ = Blutzucker in mg/100 ml
HN = Harnstoff-N in mg/100 ml

Abb. 8. Berechnung der Osmolarität

Bei der hypertonen Dehydratation wie auch der hypertonen Hydratation ist die Serum-Osmolarität erhöht, bei der hypotonen Dehydratation und hypotonen Hydratation erniedrigt. Da die Osmolarität in erster Linie vom Serum-Natrium, außerdem vom Serum-Kalium, vom Blutzucker und Harnstoff-N bestimmt wird, kann man sie annähernd nach folgender Formel berechnen:
Osmolarität in mosm/l =

$$2 \times (\text{Na} + \text{K}) + \frac{\text{BZ}}{18} + \frac{\text{H–N}}{2{,}8}$$

(s. Abb. 8).

3. Zerebrale Symptome
Die hypotone Hydratation mit intrazellulärer Flüssigkeitsansammlung und die hypertone Hydratation mit intrazellulärem Flüssigkeitsentzug können ein zerebrales Krankheitsbild mit Kopfschmerzen, Übelkeit, Erbrechen, Somnolenz, Verwirrtheitszuständen und Bewußtlosigkeit auslösen.

3.3. Therapie

Die normale Wasseraufnahme eines gesunden erwachsenen Menschen beträgt 2–2,5 l pro Tag, davon 1–1,5 l als Getränke oder Suppen. Bei einem anurischen Patienten

Tabelle 14. Kontrolle der Therapie von Dehydratation bzw. Hydratation

stündlich:	mind. 1mal tgl. (ggf. häufiger):
1. Herzfrequenz	1. Hämoglobin
2. Arterieller Blutdruck	2. Hämatokrit
3. Körpertemperatur	3. Natrium i. S.
4. Flüssigkeitsbilanz	4. Kalium i. S.
5. Gewicht (Bettwaage)	5. Osmolarität
6. Zentraler Venendruck	

rechnet man mit einem Flüssigkeitsbedarf von 700 ml täglich (1000 ml für die Perspiratio insensibilis durch Haut und Lungen [900 ml] und Verluste mit dem Stuhl [100 ml] minus 300 ml des durch den Stoffwechsel freigesetzten Oxidationswassers). Vor Beginn der Behandlung sollen folgende Meßwerte ermittelt und während der Behandlung fortlaufend kontrolliert werden: Herzfrequenz, arterieller Blutdruck, Körpertemperatur, Flüssigkeitszufuhr und Gesamtflüssigkeitsausfuhr, Gewicht (Bettwaage), zentraler Venendruck stündlich; außerdem Hämoglobin, Hämatokrit, Natrium und Kalium im Serum, Osmolarität mindestens 1mal täglich (s. Tabelle 14).

3.3.1. Dehydratation

Über den normalen Wasserbedarf hinaus ist bei der Dehydratation eine zusätzliche Flüssigkeitszufuhr erforderlich, um das Defizit auszugleichen. Dieses Defizit läßt sich für die hypertone Dehydratation (Durstexsikkose) annähernd aus dem Natrium-Haushalt im Serum errechnen. Dabei ist der Wassergehalt des Körpers der Natriumkonzentration umgekehrt proportional (je geringer der Wassergehalt, um so höher die Natriumkonzentration) (s. Abb. 9):

$$\frac{\text{Natrium (Sollwert) mval/l}}{\text{Natrium (Istwert) mval/l}} = \frac{\text{Wassergehalt (Istwert) kg}}{\text{Wassergehalt (Sollwert) kg}}\,.$$

scheidung durch Osmodiurese mit hypertonen Lösungen gefördert (10%iges Mannit 50–1000 ml bzw. 20%iges Mannit 250–500 ml i. v. und/oder höherprozentige NaCl-Lösung durch Zusatz von 10%iger NaCl-Lösung zu isotoner NaCl-Lösung). Darüber hinaus kann eine Behandlung mit Diuretika (s. oben) erfolgen. Reichen alle diese Maßnahmen nicht aus, so muß eine Dialysebehandlung erwogen werden. Dabei wird durch eine Erhöhung des Druckes im blutführenden System der Spulen- oder Plattenniere (Druckwirkung) oder durch eine Verminderung des Drukkes im Dialysat (Sogwirkung) Flüssigkeit entsprechend dem Druckgefälle zwischen Blut- und Dialysatseite durch die Dialysemembran hindurch dem Blut entzogen (Ultrafiltration).

4. Störungen des Elektrolyt-Haushaltes

4.1. Physiologie und Pathophysiologie

Die enge Verknüpfung der physiologischen Regulationsmechanismen und der Änderungen unter pathophysiologischen Bedingungen von Wasser und Elektrolyten lassen eine getrennte Besprechung der Physiologie und Pathophysiologie des Wasser- und Elektrolyt-Haushaltes nicht zu. Dieser Abschnitt wurde darum zusammenhängend unter

Gesamtkörper-Natrium	ca. 4200 mval bzw. 60 mval/kg/KG
davon extrazellulär	97%
intrazellulär	3%

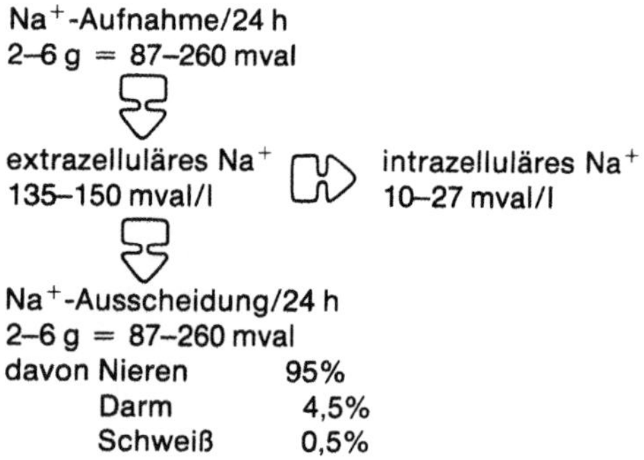

Abb. 10. Natrium-Bilanz

Gesamtkörper-Kalium	ca. 3500 mval bzw. 50 mval/kg KG
davon extrazellulär	2%
intrazellulär	98%

K^+-Aufnahme/24 h
3–4 g = 77–102 mval

extrazelluläres K^+
3,5–5,5 mval/l

intrazelluläres K^+
90–150 mval/l

K^+-Ausscheidung/24 h
3–4 g = 77–102 mval

davon Nieren	92%
Darm (Kolon)	7%
Schweiß	1%

Abb. 11. Kalium-Bilanz

Gesamtkörper-Chlorid	ca. 2300 mval bzw. 33 mval/kg KG
davon extrazellulär	88%
intrazellulär	12%

Cl^--Aufnahme/24 h
4–9 g = 112–253 mval

extrazelluläres Cl^-
95–110 mval/l

intrazelluläres Cl^-
ca. 12 mval/l

Cl^--Ausscheidung/24 h
4–9 g = 112–253 mval

davon Nieren	98%
Darm	1–2%
Schweiß	1%

Abb. 12. Chlorid-Bilanz

„Störungen des Wasser- und Natrium-Haushaltes“ abgehandelt (s. unter 3.1). Eine Übersicht über die normale Natrium-, Kalium- und Chloridbilanz geben die Abb. 10–12.

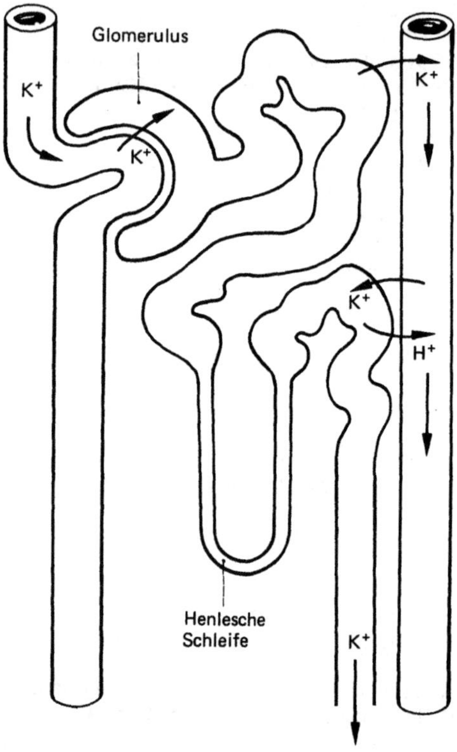

Hyperkaliämie
= K^+-Ionen-Überschuß ⟶
K^+-Ionen vermehrt ausgeschieden ⟶
H^+-Ionen im Austausch vermindert ausgeschieden ⟶
metebolische Azidose

Abb. 13. Ionen-Austausch durch die Niere bei der Hyperkaliämie

Bei der Hypokaliämie erfolgt der Ausgleich des Zuwenig an Kalium auf dem gleichen Regulationswege, nur in umgekehrter Richtung (s. Abb. 15 u. 16); daraus ergibt sich

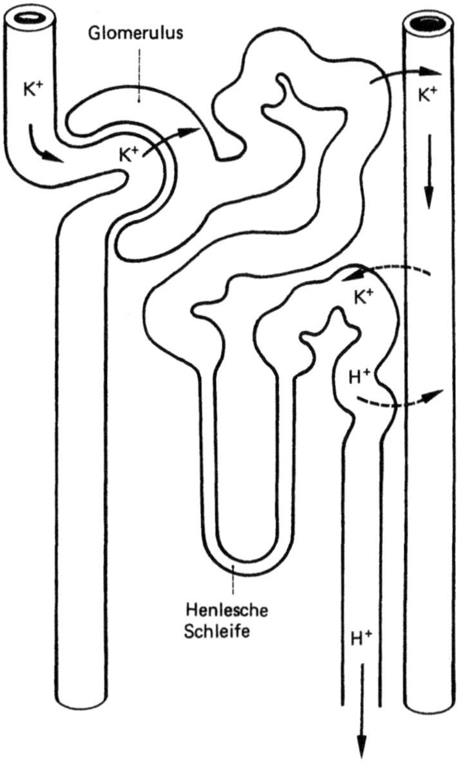

Hypokaliämie
= K^+-Ionen-Mangel →
K^+-Ionen vermindert ausgeschieden →
H^+-Ionen im Austausch vermehrt ausgeschieden →
metabolische Alkalose

Abb. 15. Ionen-Austausch durch die Niere bei der Hypokaliämie

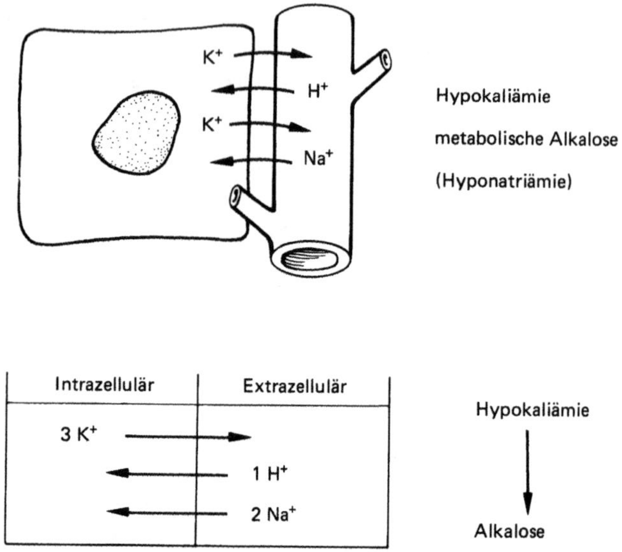

Abb. 16. Zellulärer Ionen-Austausch bei der Hypokaliämie

bei der Hypokaliämie eine metabolische Alkalose und eine Hyponatriämie. Auch bei der Hypokaliämie ist in der Regel die Alkalose und Hyponatriämie durch die in diesem Fall verminderte Aldosteronsekretion mit konsekutiver verminderter H^+-Ausscheidung und verminderter Na^+-Rückresorption oft nicht sehr ausgeprägt oder wird vollständig ausgeglichen (s. Tabelle 16).

In gleicher Weise wie für Kalium wird ein Überschuß an H^+-Ionen (Azidose) oder ein Mangel an H^+-Ionen (Alkalose) ausgeglichen:

1. Durch Ionen-Austausch in der Niere
   Bei der Azidose werden vermehrt H^+-Ionen in den distalen Tubulus sezerniert und dafür K^+-Ionen rückresorbiert (s. Abb. 17). Die vermehrte Rückresorption von Kalium bewirkt eine Hyperkaliämie.

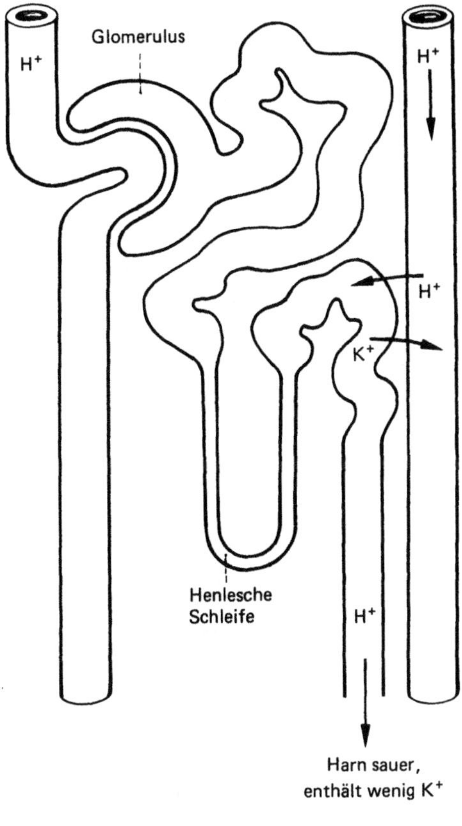

Azidose
= H^+-Ionen-Überschuß ⟶
H^+-Ionen vermehrt ausgeschieden ⟶
K^+-Ionen im Austausch vermindert ausgeschieden ⟶
Hyperkaliämie

Abb. 17. Ionen-Austausch durch die Niere bei der Azidose

Bei der Alkalose hingegen mit einem H^+-Ionen-Mangel werden H^+-Ionen im distalen Tubulus vermehrt rückresorbiert und im Austausch K^+-Ionen vermehrt ausgeschieden (s. Abb. 19). Daraus resultiert eine Hypokaliämie.

2. Durch intrazelluläre Pufferung (s. Abb. 18)
   Bei der extrazellulären Azidose werden zum Ausgleich der Azidose H^+-Ionen aus dem Extrazellulärraum gegen K^+-Ionen aus dem Intrazellulärraum ausgetauscht. Dieser Ionen-Austausch erfolgt so, daß 1 H^+-Ion und 2 Na^+-Ionen aus dem Extrazellulärraum in den Intrazellulärraum übertreten und dafür umgekehrt 3 K^+-Ionen den Intrazellulärraum verlassen und extrazellulär eine Hyperkaliämie bedingen können.
   Umgekehrt kann bei einer extrazellulären Alkalose aus den gleichen Gründen eine extrazellulär meßbare Hypo-

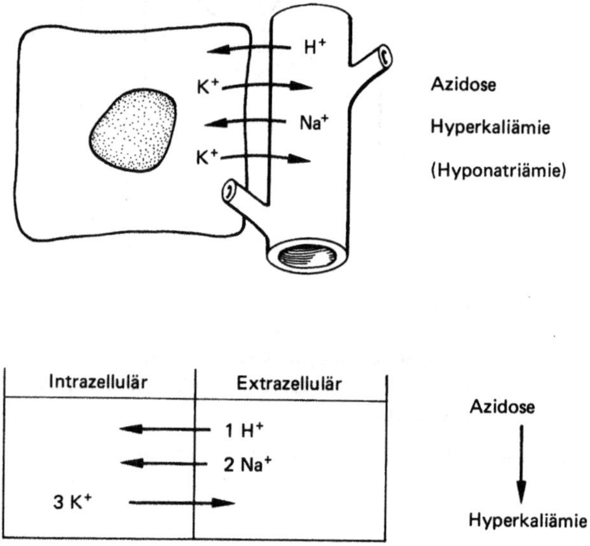

Abb. 18. Intrazelluläre Pufferung bei der Azidose

kaliämie auftreten (s. Abb. 20): Intrazelluläre H^+-Ionen (und Na^+-Ionen) werden zum Ausgleich der Alkalose gegen Kalium ausgetauscht.

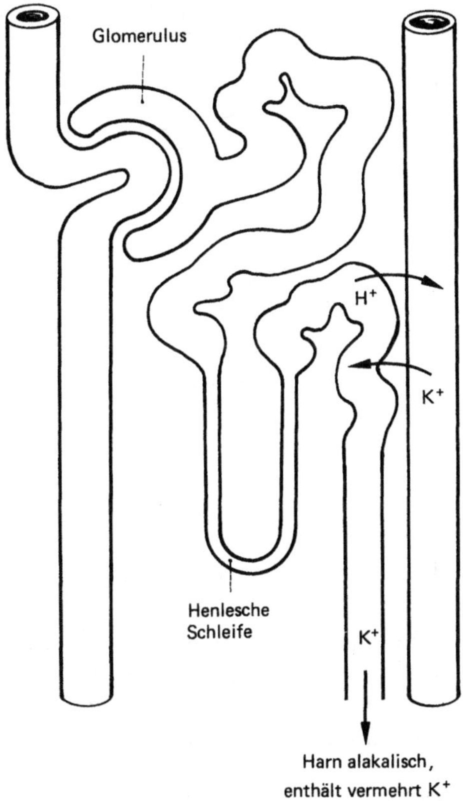

Alkalose
= H^+-Ionen-Mangel ⟶
H^+-Ionen vermindert ausgeschieden ⟶
K^+-Ionen im Austausch vermehrt ausgeschieden ⟶
Hypokaliämie

Abb. 19. Ionen-Austausch durch die Niere bei der Alkalose

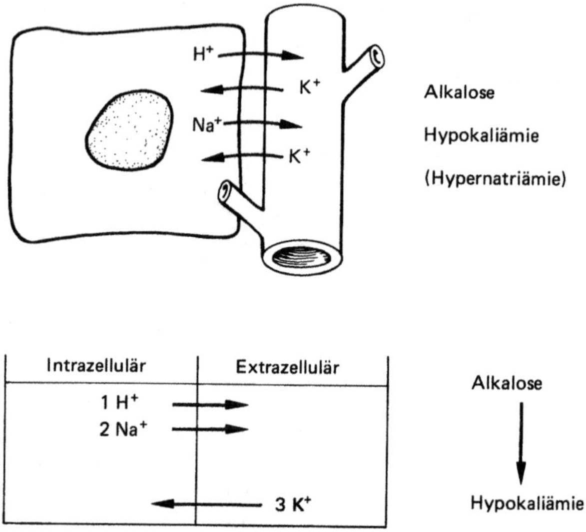

Abb. 20. Intrazelluläre Pufferung bei der Alkalose

4.2. Ätiologie und Klinik

Störungen des Elektrolyt-Haushaltes verursachen häufig tödliche Komplikationen durch Kammerflimmern oder Herzstillstand. Dabei sind Konzentrationsabweichungen von Kalium besonders gefürchtet.

4.2.1. Hyperkaliämie

Eine Hyperkaliämie liegt vor, wenn das Serumkalium auf über 5,5 mval/l ansteigt. Meist werden Hyperkaliämien bei Ausscheidungsstörungen der Nieren (akute und chronische Nierenerkrankungen) beobachtet. Bei einer vollständigen Anurie ist mit einem Anstieg des Serumkaliums um

Tabelle 17. Ursachen der Hyperkaliämie

1. Iatrogen:
   zu starke Stauung bei der Blutentnahme
   Kalium-Infusionen (Penicillin-Kalium!)
2. Renal:
   akute oder chronische Niereninsuffizienz
   kaliumsparende Diuretika – Spironolactone, Triamteren, Amilorid
3. Untergang von Zellen:
   Hämolyse
   Bluttransfusionen
   Crush-Syndrom
   Verbrennungen
   akute nekrotisierende Pankreatitis
   Hypoxie
4. Extrazelluläre Azidose
5. NNR-Insuffizienz (M. Addison)
   Hypoaldosteronismus
6. Adynamia episodica hereditaria

1,0 mval/l pro Tag zu rechnen. Weitere Ursachen für eine Hyperkaliämie sind: Kalium-Infusionen (Penicillin-Kalium!), Untergang von Zellen (Hämolyse, Crush-Syndrom, akute nekrotisierende Pankreatitis), nach Bluttransfusionen, Morbus Addison, nach kaliumretinierenden Diuretika (Spironolactone, Triamteren, Amilorid), bei der extrazellulären Azidose (Erklärung s. oben und Abb. 17 u. 18) und der schubweise mit Paresen und einer Hyperkaliämie verlaufenden hyperkaliämischen periodischen Muskellähmung (Adynamia episodica hereditaria) (s. Tabelle 17).
Die klinischen Symptome der Hyperkaliämie (s. Tabelle 18) betreffen in erster Linie das Myokard mit Rhythmusstörungen (supraventrikulären und ventrikulären Extrasystolen, AV-Überleitungsstörungen, Vorhofflimmern, Kammerflattern, Kammerflimmern), Zeichen einer Herzinsuffizienz und charakteristischen EKG-Veränderungen (s. Abb. 21): Zunächst Ausbildung von hohen, spitzen, schmalbasigen T-Wellen insbesondere in den Brustwand-

Tabelle 18. Klinische Symptome der Hyperkaliämie

1. Allgemeine Schwäche
2. Zeichen einer Herzinsuffizienz
3. Herzrhythmusstörungen:
   supraventrikuläre und ventrikuläre Extrasystolen
   AV-Überleitungsstörungen 1.–3. Grades
   Vorhofflimmern
   Kammerflattern, Kammerflimmern
4. EKG-Veränderungen:
   hohe, spitze, schmalbasige T-Wellen bei mäßiger Hyperkaliämie, QRS verbreitert, S plump, T hoch und breit, QT verlängert bei ausgeprägter Hyperkaliämie
5. Neurologische Symptome:
   sensible Störungen (Parästhesien)
   schlaffe Paresen
6. Metabolische Azidose

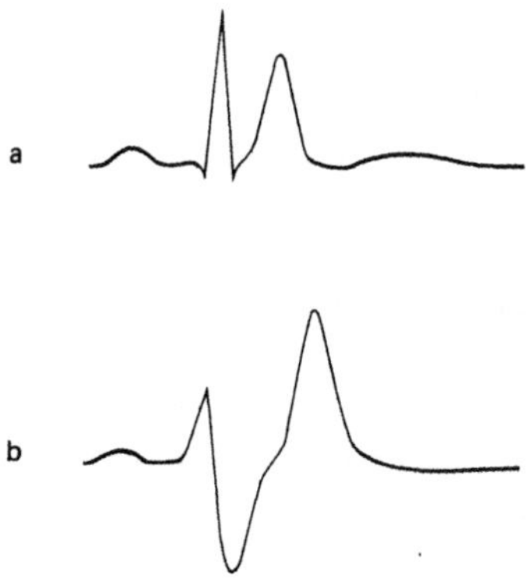

Abb. 21 a u. b. EKG-Veränderungen bei der Hyperkaliämie. **a** bei mäßig ausgeprägter Hyperkaliämie. **b** bei stark ausgeprägter Hyperkaliämie

ableitungen. Bei höhergradiger Hyperkaliämie Ausbildung von breiten, plumpen S-Zacken mit Verbreiterung von QRS und extrem hohem T. Darüber hinaus können neurologische Symptome mit sensiblen Störungen und Lähmungen auftreten. Bei Kaliumwerten von über 9 mval/l tritt der Tod durch Kammerflimmern ein.

4.2.2. Hypokaliämie

Bei einem Serumkalium von weniger als 3,5 mval/l spricht man von einer Hypokaliämie. Hypokaliämien entstehen (s. Tabelle 19) durch ungenügende Kaliumzufuhr mit der Nahrung, durch Resorptionsstörungen im Magen-Darm-Bereich (Entzündungen), durch erhöhte Kaliumverluste durch die Nieren (polyurische Phase beim akuten Nierenversagen, chronische Pyelo- und Glomerulonephritis, nach

Tabelle 19. Ursachen der Hypokaliämie

1. Ungenügende Zufuhr:
   Mangelernährung
   Infusionen mit kaliumfreien Lösungen
2. Resorptionsstörungen im Magen-Darm-Bereich:
   Malabsorptions-Syndrom, regionale Enteritis, Sprue, Morbus Whipple
3. Gastro-intestinale Kaliumverluste:
   Laxantien-Abusus
   Erbrechen
   Durchfälle bei z. B. Gastroenteritiden, Malabsorptions-Syndrom, Colitis ulcerosa
   Magen- und Dünndarmsonden
   Darmfisteln
   Ileus
4. Renale Kaliumverluste:
   polyurische Phase beim akuten Nierenversagen
   chronische Pyelo- und Glomerulonephritis
   Saluretika
5. Prim. Hyperaldosteronismus (Conn-Syndrom),
   sek. Hyperaldosteronismus bei hydropischer Herzinsuffizienz, Leberzirrhose.
   Andere Mineralcorticoidwirkungen: Behandlung mit Steroiden, ACTH, Morbus Cushing, ACTH-Syndrom, primäre Hyperplasie des juxtaglomerulären Apparates, primäre Überproduktion von Desoxycorticosteron, Liddle-Syndrom
6. Coma diabeticum nach Einleitung der Insulintherapie
7. Extrazelluläre Alkalose
8. Familiäre paroxysmale hypokaliämische Lähmung
9. Ureterosigmoidostomie

Tabelle 20. Klinische Zeichen der Hypokaliämie

1. Allgemeine Schwäche
   Müdigkeit, Apathie, evtl. Somnolenz bis komatöse Bewußtseinslage
2. Zeichen einer Herzinsuffizienz
3. Digitalisüberempfindlichkeit
4. Herzrhythmusstörungen:
   Sinustachykardie
   supraventrikuläre und ventrikuläre Extrasystolen
   AV-Überleitungsstörungen 1. bis 3. Grades
   Kammerflattern, Kammerflimmern
5. EKG-Veränderungen:
   Senkung von ST
   U deutlich positiv
   TU-Verschmelzung
6. Gastrointestinale Symptome:
   Magen-Darm-Atonie mit Obstipation
   paralytischer Ileus
   Blasenlähmung
7. Neurologische Symptome:
   Muskelschwäche
   Reflexminderung
   schlaffe Paresen
8. Metabolische Alkalose
9. Niere: Einschränkung der Konzentrationsfähigkeit

Diuretika-Gaben) oder den Magen-Darm-Trakt (Laxantien-Abusus, Erbrechen, Durchfälle, Magen- bzw. Dünndarmsonden, Darmfisteln), außerdem beim Coma diabeticum (vermehrte Ausscheidung von Kalium und Einbau von Kalium in die Zelle bei der Glykogensynthese nach Einleitung der Insulinbehandlung; pro 1,0 g synthetisierten Glykogens werden 0,36 mÄq Kalium in die Zelle eingebaut), bei der extrazellulären Alkalose (Erklärung s. oben und Abb. 19 u. 20) und der familiären paroxysmalen Lähmung – einer seltenen, familiären Erkrankung, die mit in Schüben auftretenden Hypokaliämien und Lähmungen verläuft. Es handelt sich dabei um eine Fermentstörung, die zu plötzlichen Kaliumverschiebungen aus dem Extrazellulärraum in den Intrazellulärraum führt.

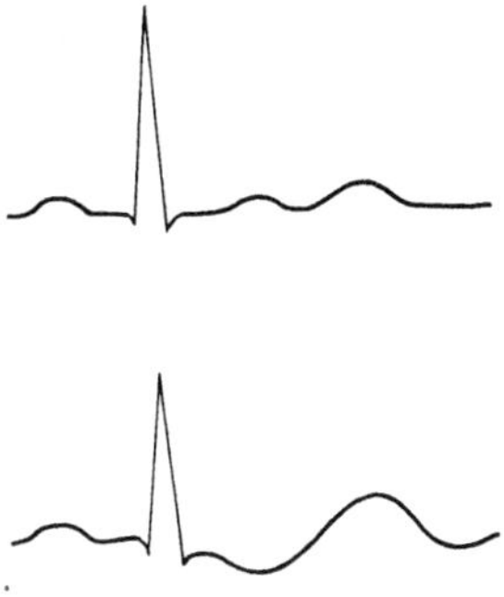

Abb. 22a u. b. EKG-Veränderungen bei der Hypokaliämie. **a** bei mäßig ausgeprägter Hypokaliämie. **b** bei stark ausgeprägter Hypokaliämie

Für die klinische Symptomatik (s. Tabelle 20) ist außer dem Absolutwert die zeitliche Distanz, in der sich die Hypokaliämie entwickelt, von Bedeutung. So wird eine schon seit längerer Zeit bestehende Hypokaliämie relativ symptomlos vertragen, während eine sich rasch entwickelnde Hypokaliämie zu einem bedrohlichen Zustandsbild werden kann. Kardiale und neuromuskuläre Symptome stehen dabei im Vordergrund: allgemeine Schwäche, Lähmungen, Magen-Darm-Atonie mit Obstipation oder paralytischem Ileus, Blasenlähmung, somnolente bis komatöse Bewußtseinslage. Von seiten des Herzens kommt es zu Rhythmusstörungen, Zeichen der Herzinsuffizienz (Tachykardie, Blutdruckabfall, Dilatation des Herzens) und EKG-Veränderungen (s. Abb. 22): Bei mäßig ausgeprägter Hypokaliämie geringe Senkung von ST, U deutlich positiv und Verschmelzung von T und U zu einer (oft doppelgipfligen) Welle, so daß der Eindruck einer QT-Verlängerung entsteht. Bei stärker ausgeprägter Hypokaliämie deutliche Senkung von ST, T isoelektrisch oder negativ, U höher positiv.

4.2.3. Hypernatriämie

Eine Hypernatriämie liegt vor, wenn die Serumnatrium-Konzentration 150 mval/l übersteigt. So hohe Natriumwerte im Serum treten bei der hypertonen Dehydratation und hypertonen Hydratation (S. 26) auf. Ursachen, Symptome und Therapie von Hypernatriämie und hypertoner Dehydratation bzw. Hydratation sind identisch, so daß auf den entsprechenden Abschnitt verwiesen werden kann.

4.2.4. Hyponatriämie

Eine Konzentrationsminderung des Serumnatriums auf unter 135 mval/l ist eine Hyponatriämie. Hyponatriämien finden sich bei der hypotonen Dehydratation bzw. Hydratation und wurden gemeinsam in dem Abschnitt „Wasser- und Natrium-Haushalt" beschrieben (S. 13).

4.3. Therapie

4.3.1. Hyperkaliämie (s. Tabelle 21)

Zunächst muß geprüft werden, ob eine Azidose vorliegt; ggf. muß diese ausgeglichen werden. Nach Ausgleich der Azidose ist bei geringer Erhöhung des Serumkaliums eine Einschränkung der Kaliumzufuhr durch eine entsprechende Diät ausreichend (kein Fleisch, Gemüse, Obstsäfte).

Bei Kaliumwerten ab 6 mval/l sollten Kationen-Austauscher peroral oder rektal als Einlauf verwendet werden: entweder Natrium-Polystyrensulfonat (Resonium A), bei dem ein Austausch Kalium gegen Natrium überwiegend während der Dickdarmpassage stattfindet (Dosierung täglich 1–4 × 10–20 g in Wasser aufgelöst per os oder 1–4 ×

Tabelle 21. Therapie der Hyperkaliämie

1. Azidosebehandlung (s. dort)
2. Einschränkung der Kaliumzufuhr
   (kein Fleisch, Gemüse, Obstsäfte)
3. Kationenaustauscher:
   Natrium-Polystyrensulfonat (Resonium A)
   1–4mal 10–20 g in Wasser aufgelöst p. o. oder
   1–4mal 20–40 g in jeweils 200 ml 5%iger Glukose aufgelöst
   als rektalen Tropf;
   Kalzium-Polystyrolsulfonat (Calcium-Serdolit)
   Dosierung wie für Natrium-Polystyrensulfonat
4. Alt-Insulin 25 I. E. in 200 ml 25%ige Glukose (= 50 g Glukose)
   langsam i. v.,
   nach 6 h erneuter Versuch mit gleicher Dosierung
5. Hämodialyse
   Peritonealdialyse

20–40 g in jeweils 200 ml 5%ige Glukose aufgelöst als rektalen Tropf) oder bei bestehender Hypernatriämie Kalzium-Polystyrolsulfonat (Calcium-Serdolit), das Kalium gegen Kalzium austauscht (Dosierung ist die gleiche wie für Resonium A).
Sofern diese Maßnahmen keinen Erfolg zeigen, kann ein Behandlungsversuch mit Alt-Insulin durchgeführt werden: Alt-Insulin fördert die Aufnahme von Kalium in die Zelle. Man gibt 25 E. Alt-Insulin in 200 ml 25%ige Glukose. Nach 6 h kann ein erneuter Versuch mit Alt-Insulin in der gleichen Dosierung unternommen werden.
Erweisen sich die genannten Maßnahmen als unzureichend, so muß die Durchführung einer Hämodialyse oder Peritonealdialyse in Betracht gezogen werden.

4.3.2. Hypokaliämie (s. Tabelle 22)

Die Verabreichung einer reichlich Kalium enthaltenden Kost (viel Fleisch, Gemüse, Obstsäfte) bei geringer Hypokaliämie kann ausreichend sein. In der Regel wird man

Tabelle 22. Therapie der Hypokaliämie

1. Kalium-reiche Kost
   (viel Fleisch, Gemüse, Obstsäfte, Bananen, getrocknete Früchte)
2. Kalium-Substitution oral
   a) Kaliumchlorid bei hypokaliämischer metabolischer Alkalose 3mal 1 g tgl., z. B. Rekawan oder Kalinor-Dragees
   b) Kaliumbikarbonat (Kalinor-Brausetabletten) oder Kaliumzitrat (Kalium citricum „Giulini") bei einer Azidose
3. Kalium-Substitution parenteral
   Kaliumchlorid, Kaliumlaktat oder Kalium-L-Malat
   als Zusatz in isotoner Kochsalz-, Glukose- oder Lävuloselösung;
   Infusionsgeschwindigkeit maximal 20 mval pro Stunde,
   Tagesdosis maximal 200 mval/24 h;
4. Aldosteronantagonisten bei primärem oder sekundärem Hyperaldosteronismus
   Spironolactone (Aldactone) 100–200 mg tgl.

$$\text{Kaliumbedarf [mval]} = KS - KI \times KG \times 0{,}2$$

KS = Sollwert für Serumkalium in mval/l = 4,5 mval/l
KI = Istwert des Serumkalium in mval/l
KG = Körpergewicht in kg

Abb. 23. Berechnung des Kaliumbedarfs bei Hypokaliämie

aber eine perorale medikamentöse Substitution durchführen. Dabei ist wegen der meist nachweisbaren hypokaliämischen metabolischen Alkalose (S. 43) Kaliumchlorid vorzuziehen (Dosierung 3 × täglich 1 g, z. B. Rekawan oder Kalinor-Dragees). Liegt eine Azidose vor, so sollte die Behandlung mit Kaliumbikarbonat oder Kaliumzitrat erfolgen (z. B. Kalinor-Brausetabletten, Kalium citricum „Giulini").

Bei Patienten mit Erbrechen, Diarrhoen oder komatösen Patienten ist eine parenterale Kaliumsubstitution erforderlich. Der Bedarf kann näherungsweise nach folgender Formel errechnet werden (s. Abb. 23):

Kaliumdefizit = Kalium (Sollwert) mval/l − Kalium (Istwert) mval/l × Körpergewicht kg × 0,2.
Dabei entspricht das Produkt aus Körpergewicht × 0,2 der Extrazellulärflüssigkeit, die ca. 20% des Körpergewichtes ausmacht. Nicht berücksichtigt wird hierbei das Kaliumdefizit des Intrazellulärraumes, weshalb die Formel nur als grober Anhalt gewertet werden kann.
Beispiel: Das Serumkalium eines Patienten beträgt 2,5 mval/l, das Körpergewicht 60 kg;
Kaliumdefizit = 4,5 − 2,5 × 60 × 0,2 = 24 mval.
Die intravenöse Infusion erfolgt vorzugsweise mit Kaliumchlorid, Kaliumlaktat oder Kalium-L-Malat als Zusatz zu isotoner Kochsalz-, Glukose- oder Lävuloselösung. Die Kaliumkonzentration der Lösungen sollte bie zu 40 mval/l betragen und die Infusionsgeschwindigkeit 20 mval/h nicht überschreiten. Die maximale Tagesdosis kann bis zu 200 mval/24 h betragen.

4.3.3. Hypernatriämie

Siehe Behandlung bei Störungen des Wasser- und Natrium-Haushaltes unter hypertoner Dehydratation und hyertoner Hydratation (S. 33–37).

4.3.4. Hyponatriämie

Siehe Behandlung bei Störungen des Wasser- und Natrium-Haushaltes unter hypotoner Dehydratation und hypotoner Hydratation (S. 33–37).
Näherungsweise kann man den Natriumbedarf nach folgender Formel errechnen (s. Abb. 24):
Natrium-Defizit = Natrium (Sollwert) mval/l − Natrium (Istwert) mval/l × Körpergewicht kg × 0,2.
Beispiel: Das Serumnatrium eines Patienten beträgt 120 mval/l, das Körpergewicht 60 kg.

$$\text{Natriumbedarf [mval]} = \text{NaS} - \text{NaI} \times \text{KG} \times 0{,}2$$

NaS = Sollwert für Serumnatrium in mval/l = 140 mval/l
NaI = Istwert des Serumnatrium in mval/l
KG = Körpergewicht in kg

Abb. 24. Berechnung des Natriumbedarfes bei Hyponatriämie

Natrium-Defizit = 140 − 120 × 60 × 0,2 = 240 mval. Die Substitution von Natrium kann bei geringer Normabweichung enteral erfolgen (5–10 g Kochsalz täglich). Bei größerem Natriumbedarf erfolgt die Zufuhr parenteral mit isotoner (0,9%ig) bis hypertoner (3%ig) Kochsalzlösung. Bei gleichzeitig bestehender Hyperchlorämie mit hyperchlorämischer Azidose kann ein Teil des Natriumbedarfes mit $NaHCO_3$ gedeckt werden.

5. Störungen des Säure–Basen-Haushaltes

5.1. Physiologie und Pathophysiologie

Reines Wasser ist zu einem kleinen Bruchteil in H^+- und OH^--Ionen dissoziiert. Von den 550 Millionen Molen Wasser ist nur 1 Mol Wasser vollständig dissoziiert. Diese Dissoziation von H_2O in H^+ und OH^- steht in einem konstanten Verhältnis:

$$\frac{[H^+] \cdot [OH^-]}{[H_2O]} = K \text{ (Dissoziationskonstante)},$$

$$[H^+] \cdot [OH^-] = K \cdot [H_2O]$$

$[H^+] \cdot [OH^-]$ bezeichnet man als Ionenprodukt des Wassers. Dieses beträgt bei 22 °C konstant 10^{-14}. Dabei ist reines Wasser stets in genau soviel H^+-Ionen (10^{-7}) wie OH^--Ionen (10^{-7}) dissoziiert, die Reaktion ist neutral. Statt $[H^+] \cdot [OH^-] = 10^{-14}$ kann man auch schreiben $[H^+] \cdot [H^+] = 10^{-7} \cdot 10^{-7}$ bzw. $[H^+]^2 = 10^{-14}$ oder $[H^+] = \sqrt{10^{-14}} = 10^{-7}$. Wird das Ergebnis $[H^+] = 10^{-7}$ logarithmisch ausgedrückt, so erhält man $\log [H^+] = -7$ oder $-\log [H^+] = 7$. Für diesen Ausdruck hat man den Begriff des Wasserstoffexponenten pH eingeführt. Der pH-Wert ist also der negative Logarithmus der H^+-Ionenkonzentration (s. Abb. 25).

$$\frac{[H^+] \cdot [OH^-]}{[H_2O]} = K \text{ (Dissoziationskonstante)}$$

$$[H^+] \cdot [OH^-] = K \cdot [H_2O]$$

$$[H^+] \cdot [OH^-] = 10^{-14} \text{ (Ionenprodukt des Wassers)}$$

$$[H^+] \cdot [H^+] = 10^{-7} \cdot 10^{-7}$$

$$[H^+]^2 = 10^{-14}$$

$$[H^+] = \sqrt{10^{-14}}$$

$$[H^+] = 10^{-7}$$

$$\log [H^+] = -7$$

$$-\log [H^+] = 7$$

$$-\log [H^+] = pH = 7$$

pH-Wert ist der negative Logarithmus der H^+-Ionenkonzentration

Abb. 25. Ableitung des pH-Wertes

Ein pH von 7 bedeutet eine neutrale Reaktion. Wird nun zum Wasser eine Säure, die selbst H^+-Ionen abdissoziiert, zugesetzt, so wird die H^+-Ionenkonzentration größer als 10^{-7} (d. h. 10^{-6}, 10^{-5}, 10^{-4} usw.), der pH-Wert also bei saurer Reaktion kleiner als 7 sein. Umgekehrt wird bei Zusatz einer Lauge bzw. Base mit dissoziierten OH^--Ionen die Dissoziation des Wassers zurückgedrängt. Damit stehen weniger H^+-Ionen zur Verfügung, der pH-Wert wird also größer als 7.

Außer der Konstanthaltung des osmotischen Druckes (Isotonie) und des Volumens (Isovolämie) muß das Verhältnis von Säuren und Basen im Organismus unter Wahrung einer konstanten H^+-Ionenkonzentration (Isohydrie) bei ei-

nem pH von 7,40 im Extrazellulärraum (pH intrazellulär 6,8–7,0) gehalten werden. In diesem Milieu laufen die meisten vitalen physikalisch-chemischen Enzymreaktionen optimal ab.
Da aus dem normalen Stoffwechsel des Menschen fortlaufend mehr saure als alkalische Valenzen anfallen, muß der Organismus sich in erster Linie gegen eine Verschiebung des Säure–Basen-Gleichgewichtes zur sauren Seite hin zur Wehr setzen. Dafür stehen drei Möglichkeiten zur Verfügung:

1. Steuerung durch Puffersubstanzen

   Unter Puffersubstanzen sind anorganische oder organische Verbindungen zu verstehen, die saure oder basische Valenzen zu binden vermögen. Dem Organismus stehen als Puffersubstanzen das Kohlensäure-Bikarbonat-System (H_2CO_3/HCO_3^-), die Phosphat-Puffer ($H_2PO_4^-/HPO_4^=$), das Protein-Puffer-System ($Prot^-$) und das Hämoglobin-Puffer-System (Hb^-) zur Verfügung. Dabei sind die Bikarbonat-Puffer von größter Bedeutung, weil sie in hoher Konzentration in der extrazellulären Flüssigkeit vorkommen und außerdem CO_2 durch die Lungen abgeatmet werden kann.
   Die Reaktion für das Kohlensäure/Bikarbonat-System läuft nach folgender Formel ab:

$$H^+ + HCO_3^- \rightleftharpoons H_2CO_3 \underset{\substack{\uparrow \\ \text{CAH}}}{\rightleftharpoons} H_2O + CO_2$$

   Dabei wird die Reaktion $H_2O + CO_2 \rightleftharpoons H_2CO_3$ durch die Carboanhydrase (CAH) katalysiert. Je mehr saure H^+-Ionen anfallen, um so mehr wird Bikarbonat in Kohlensäure übergeführt. Zugleich nimmt die HCO_3^--Konzentration ab.

Das Verhältnis von H_2CO_3 und HCO_3^- wird also durch die H^+-Ionenkonzentration bestimmt. Für die Konzentrationen im chemischen Gleichgewicht gilt nach dem Massenwirkungsgesetz

$$K = \frac{[H^+] \cdot [HCO_3^-]}{[H_2CO_3]}$$

K = Dissoziationskonstante. Für die H^+-Ionenkonzentration gilt:

$$[H^+] = K \frac{H_2CO_3]}{[HCO_3^-]}$$

Die H^+-Ionenkonzentration wird als pH = negativer Logarithmus der H^+-Ionenkonzentration ausgedrückt (s. oben).

$$pH = -\log [H^+],$$

$$pH = -\log H^+ = -\log K - \log \frac{[H_2CO_3]}{[HCO_3^-]},$$

$$pH = pK + \log \frac{[HCO_3^-]}{[H_2CO_3]}$$ (Henderson-Hasselbalchsche Gleichung)

Aus dieser Gleichung läßt sich der pH-Wert des Blutes leicht errechnen: pK für Blut beträgt 6,1; bei einem PCO_2 von 40 mm Hg sind im Plasma ca. 2,7 ml CO_2 (das entspricht annähernd der H_2CO_3-Konzentration) und ca. 50 ml HCO_3^- nachweisbar.

$$pH = 6{,}1 + \log \frac{2{,}7}{50}$$

$$pH = 6{,}1 + \log 20$$

$$pH = 7{,}4$$

Aus 2 bekannten Parametern läßt sich also jederzeit die dritte Größe bestimmen. Daraus folgt, daß sich nach der Henderson-Hasselbalchschen Gleichung Störungen des Säure–Basen-Gleichgewichtes aus den 3 Größen pH, pCO_2 und Bikarbonatkonzentration eindeutig charakterisieren lassen.

2. Pulmonale Steuerung
   Das Funktionieren des Kohlensäure/Bikarbonat-Puffers ist entscheidend von einer normalen Lungenventilation abhängig, da die bei Zunahme der H^+-Ionenkonzentration gebildete Kohlensäure in H_2O und CO_2 dissoziiert und die CO_2 rasch über die Lungenalveolen abgeatmet wird.

3. Renale Steuerung
   Die Nieren sind ebenfalls in der Lage, H^+-Ionen direkt in das Tubuluslumen zu sezernieren und auszuscheiden. Darüber hinaus wird die Menge des filtrierten Bikarbonats quantitativ zurückgewonnen. Bei der Erhaltung eines normalen Körper-pH spielen in der Niere die Bikarbonatresorption, die Ammoniumsekretion und die Exkretion titrierbarer Säuren (Phosphat) die entscheidende Rolle (s. Abb. 26, S. 64):

   a) Bikarbonat
   Im Lumen der Tubuli (Harnseite) dissoziiert ($NaHCO_3$ zu Na^+ und HCO_3^-. Na^+ gelangt im Austausch mit H^+ in die Tubuluszelle und – gemeinsam mit HCO_3^- – wieder in den intravasalen Flüssigkeitsraum (Blutseite). HCO_3^- bildet auf der Lumenseite mit einem H^+-Ion Kohlensäure, die in H_2O und CO_2 dissoziiert. CO_2 wird

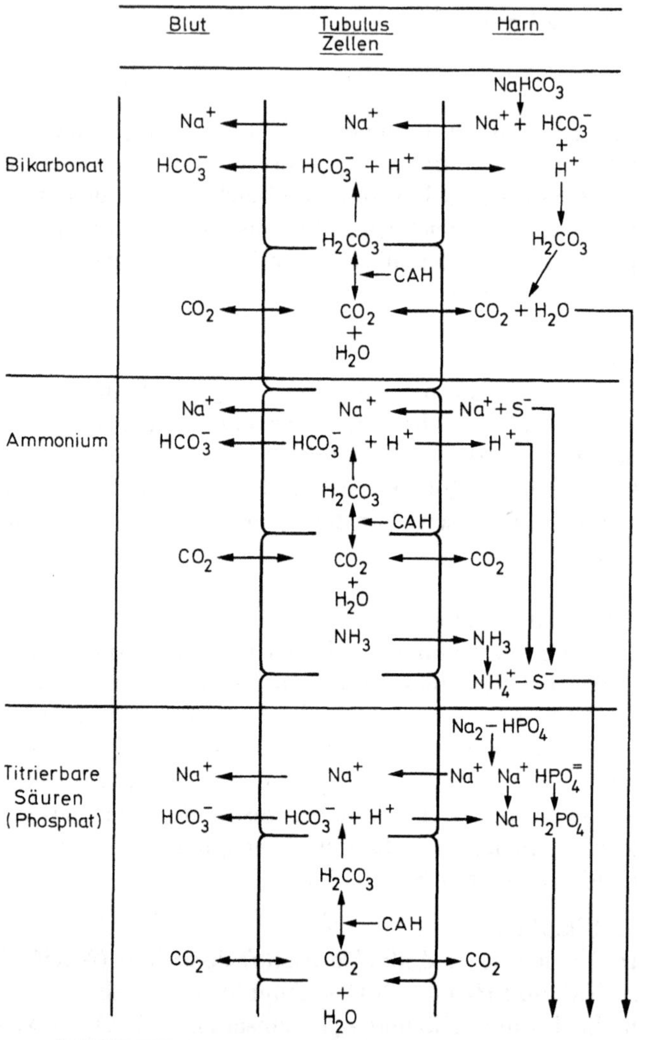

CAH = Corboanhydrase

S^- = Säuren, die im Gewebe gebildet werden ($SO_4^{=}$, Cl^-, org. Säuren)

Abb. 26. Regulation des Säure–Basen-Haushaltes durch die Niere

von der Zelle aufgenommen und zu H_2CO_3 hydriert. H_2CO_3 dissoziiert sodann in HCO_3^- und H^+-Ionen. Bikarbonat wird zur Pufferung in die Blutbahn abgegeben, die H^+-Ionen werden an andere Puffersubstanzen (Ammonium, Phosphat) gebunden und ausgeschieden (s. Abb. 26).
Darüber hinaus entsteht in den Tubuluszellen weiteres Bikarbonat aus CO_2 und H_2O. Die dabei abgespaltenen H^+-Ionen werden ebenfalls entweder an Bikarbonat oder Ammonium bzw. Phosphat oder andere titrierbare Säuren gebunden und ausgeschieden; das Bikarbonat tritt in den interstitiellen Flüssigkeitsraum über und steht somit zur Pufferung wieder zur Verfügung. Bei subnormaler Plasmakonzentration wird das Bikarbonat im Tubulus praktisch vollständig rückresorbiert, bei erhöhter Plasmakonzentration hingegen ausgeschieden, bis ein optimaler Plasmaspiegel erreicht ist.

b) Ammonium
Starke Säuren werden durch Ammoniumpuffer eliminiert. Dabei wird die Reaktion $NH_3 + H^+ \rightleftharpoons NH_4^+$ um so mehr nach rechts verschoben, je mehr H^+-Ionen anfallen. NH_4^+ ist nun wiederum in der Lage, die Anionen starker Säuren (S^-) zu binden und auszuscheiden. Die für die Bildung von HN_4^+ bereitgestellten H^+-Ionen stammen ebenfalls aus intrazellulär dissoziierter Kohlensäure; das bedeutet, daß Bikarbonat als Puffer auch für das Ammonium-Puffer-System in äquimolarer Menge bereitgestellt wird.

c) Titrierbare Säuren
Beim Gesunden ist die titrierbare Säure überwiegend Phosphat, das bei anhaltender Azidose zusätzlich aus dem Knochen mobilisiert werden kann. Von Na_2HPO_4 wird im Lumen der Tubuli ein Na^+-Ion abgespalten und gelangt im Austausch mit einem H^+-Ion über die Tubu-

luszelle in die Blutbahn. $NaHPO_4^-$ bindet die bei der Bikarbonatbildung in den Tubuluszellen freigesetzten H^+-Ionen und scheidet diese als NaH_2PO_4 mit dem Harn aus.
Natrium ist für die Aufrechterhaltung des extrazellulären Flüssigkeitsvolumens unerläßlich. Im Bedarfsfalle ist die Niere in der Lage, Natrium durch Rückresorption für den Extrazellulärraum zu erhalten und gegen Kalium auszutauschen. Kalium wird an auszuscheidende Anionen gebunden und geht verloren (S. 21–25).

4. Intrazelluläre Pufferung:
Bei extrazellulärer Azidose (metabolischer oder respiratorischer H^+-Ionen-Überschuß) treten Wasserstoff-Ionen mit Natrium-Ionen aus dem Extrazellulärraum in den Intrazellulärraum über (intrazelluläre Pufferung); umgekehrt wandern Kalium-Ionen aus dem Intrazellulärraum in den Extrazellulärraum und können eine Hyperkaliämie und gelegentlich eine Hyponatriämie verursachen. Es kann angenommen werden, daß für je 3 Kalium-Ionen, die die Zelle verlassen, 2 Natrium-Ionen und 1 Wasserstoff-Ion in die Zelle eintreten und umgekehrt (S. 46 u. Abb. 18).

Ein ähnlicher Vorgang findet bei der Hypokaliämie statt: Kalium-Ionen wechseln regulativ in den Extrazellulärraum und umgekehrt Wasserstoff-Ionen sowie Natrium-Ionen in den Intrazellulärraum mit konsekutiver hypokaliämischer metabolischer Alkalose und gelegentlich einer Hyponatriämie. Für je 3 aus der Zelle austretende Kalium-Ionen dringen 2 Natrium-Ionen und 1 Wasserstoff-Ion in die Zelle ein (S. 43 u. Abb. 16).

Bei extrazellulärer Alkalose (H^+-Ionen-Defizit) kommt es zu einer Verschiebung von Wasserstoff-Ionen aus dem Intrazellulärraum in den Extrazellulärraum und umgekehrt von Kalium-Ionen aus dem Extrazellulärraum in den Intrazellulärraum mit konsekutiver Hypokaliämie (S. 46 u. Abb. 20).

Die Hyperkaliämie kann eine metabolische Azidose erzeugen. Dies wird dadurch verursacht, daß Kalium-Ionen aus dem Extra- in den Intrazellulärraum übertreten und dafür Wasserstoff-Ionen und Natrium-Ionen an den Extrazellulärraum abgegeben werden (S. 41 u. Abb. 14).

Darüber hinaus versucht der Organismus, über die renale Regulation (S. 44) die physiologischen Verhältnisse durch Änderungen der tubulären Sekretion wieder herzustellen. Dabei kann je nach Überschuß und Bedarf Kalium gegen H^+-Ionen und umgekehrt ausgetauscht werden. Beide Ionen treten in Konkurrenz: bei einem erhöhten Angebot an H^+-Ionen werden H^+-Ionen vermehrt sezerniert und dafür K^+-Ionen rückresorbiert und umgekehrt. Bei einer Hyperkaliämie oder Alkalose nimmt darum die Kaliumausscheidung zu, die H^+-Ionenausscheidung ab, der Urin wird alkalisch. Bei einer Azidose oder Hypokaliämie werden mehr H^+-Ionen gegen K^+-Ionen tubulär ausgetauscht, die Kaliumausscheidung im Urin nimmt ab, die H^+-Ionenausscheidung steigt an (S. 40–48 u. Abb. 15, 17 u. 19).

5.2. Ätiologie und Klinik

Einen Überschuß an sauren Valenzen (H^+-Ionen) im Serum mit einem Abfall des pH-Wertes auf unter 7,36 bezeichnet man als Azidose, eine Verminderung der H^+-Ionen-Konzentration mit einem Anstieg des pH auf über 7,44 als Alkalose. Dabei kann die Abweichung des Säure–Basen-Haushaltes infolge einer vermehrten Bildung bzw. erhöhten Verbrauches von H^+-Ionen oder Basen aus dem Stoffwechsel des Organismus oder durch eine gestörte Lungenventilation entstehen. Entsprechend unterscheidet man eine metabolische von einer respiratorischen Azidose bzw. Alkalose. Durch die verschiedenen Puffersysteme kann die Störung in einem Bereich von pH 7,36 bis 7,44 noch abgefangen werden; man spricht dann von einer kompensierten metabolischen bzw. respiratorischen Azidose bzw. Alkalose. Weicht der pH-Wert über die Grenzwerte 7,36 bzw. 7,44 hinaus zum sauren oder basischen Bereich hin ab, reichen die Regulationsmechanismen also nicht mehr aus, so handelt es sich um eine dekompensierte Störung. pH-Werte unter 6,8 und über 7,8 im Extrazellulärraum sind im allgemeinen nicht mit dem Leben vereinbar.

5.2.1. Metabolische Azidose

Eine metabolische Azidose findet man bei allen Nierenerkrankungen mit einer ungenügenden Elimination von H^+-Ionen, bei vermehrter Ausscheidung von alkalischer Körperflüssigkeit (Gallen- oder Pankreasfisteln, Durchfällen), bei allen Erkrankungen mit einem gesteigerten Stoffwechsel und vermehrter Bildung von Säuren (Fieber, Hyperthyreose, Schwangerschaft), einer Anhäufung von Acetessigsäure und Betaoxybuttersäure bei der Fettverbrennung (Hungerazidose, Diabetes mellitus), einem vermehrten Anfall von Milchsäure und Brenztraubensäure beim anaeroben Stoffwechsel (Hypoxie, Schock, verstärkte Muskelarbeit) bzw. von Milchsäure bei Lebererkrankungen und Herzerkrankungen mit Stauungszeichen sowie medikamentös nach Gabe von Carboanhydrasehemmern (Acetolamid = Diamox), die die Rückresorption von Bikarbonat in den Tubuli der Nieren hemmen (s. Tabelle 23). Klinisch ist die (dekompensierte) metabolische Azidose gekennzeichnet durch ein pH unter 7,36, einer verminderten Bikarbonat-Konzentration, ein normales pCO_2 bzw. H_2CO_3-Konzentration und einem verminderten Basenüberschuß (base excess). Die verringerte Bikarbonat (HCO_3^-)-Konzentration kommt durch einen erhöhten Verbrauch zur Pufferung der sauren Valenzen zustande: Aus HCO_3^- +

Tabelle 23. Ursachen der metabolischen Azidose

1. Nierenerkrankungen → ungenügende H^+-Ionenausscheidung:
   akute und chronische Nierenerkrankungen
2. Verlust von alkalischer Körperflüssigkeit:
   Gallen- oder Pankreasfisteln
   Durchfälle
3. Gesteigerter Stoffwechsel → vermehrte Säurebildung
   Fieber
   Hyperthyreose
   Schwangerschaft
4. Fettverbrennung → vermehrte Bildung von Acetessigsäure und β-Oxybuttersäure:
   Diabetes mellitus (diabetische Ketoazidose)
   Hunger (Hungerazidose)
5. Anaerober Stoffwechsel → vermehrte Bildung von Milchsäure und Brenztraubensäure:
   Hypoxie
   Kreislaufschock
   verstärkte Muskelarbeit
6. Lebererkrankungen → vermehrte Bildung von Milchsäure:
   akute und chronische Lebererkrankungen
   Rechtsherzinsuffizienz
7. Acetolamid = Diamox → Rückresorption von Bikarbonat in den Tubuli der Nieren gehemmt
8. Exzessive Zufuhr von Säuren:
   Salizylate, Ammoniumchlorid

H^+ entsteht Kohlensäure (H_2CO_3), die in CO_2 + H_2O übergeführt wird; eine verstärkte Ventilation sorgt für eine rasche Elimination der CO_2 und führt in der Regel nur bei einer respiratorisch kompensierten metabolischen Azidose zu einer Verminderung des pCO_2 (s. Tabelle 27 u. 28).

Unter Bikarbonat ist hier der Begriff „Standardbikarbonat" gemeint. Dabei handelt es sich um die unter „Standardbedingungen" an Bikarbonat gebundene CO_2-Menge: Vollblut wird bei einer Temperatur von 37 °C vollständig mit Sauerstoff gesättigt und mit Kohlendioxid bei einem fixierten pCO_2 von 40 mm Hg äquilibriert; d. h. die HCO_3^--Konzentration wird bei künstlich erzeugten normoventilatorischen Verhältnissen gemessen. Damit wird der Einfluß eines veränderten pCO_2 ausgeschaltet und die Beurteilung von Veränderungen im metabolischen Bereich ermöglicht.

Daneben gibt es das akutelle Bikarbonat; dies gibt den Bikarbonatgehalt des Blutes bei dessen aktuellem pCO_2 an.

5.2.2. Metabolische Alkalose

Ursachen für eine metabolische Alkalose (s. Tabelle 24) sind Verluste von H^+-Ionen durch Erbrechen oder Absaugen sauren Mageninhaltes oder Zufuhr von alkalischen Lösungen. Auch bei einer Leberinsuffizienz kann eine metabolische Alkalose durch basische Eiweißabbauprodukte entstehen. Darüber hinaus kommt es bei einer erniedrigten Kaliumkonzentration im Serum zu einer hypokaliämischen metabolischen Alkalose: Kalium-Ionen treten aus dem intrazellulären in den extrazellulären Bereich über; zugleich wechseln Natrium- und H^+-Ionen zur Erhaltung des Ionengleichgewichtes aus dem Extrazellulärraum in den Intrazellulärraum (S. 43 u. Abb. 15 u. 16). Die längere Anwendung von Saluretika (Thiazide, Chlortalidon) führt ebenfalls zur Ausbildung einer metabolischen Alkalose: einmal über die erwähnte Hypokaliämie, zum anderen über die erhöhten Chloridverluste, die zur Hypochlorämie und damit zu einer reduzierten Chloridkonzentration in der

Tabelle 24. Ursachen der metabolischen Alkalose

1. Verluste von H^+-Ionen über den Magen:
   Erbrechen
   Magensaftdrainage
2. Erhöhte Zufuhr von alkalischen Lösungen:
   Bikarbonat, THAM
3. Hypokaliämie (hypokaliämische metabolische Alkalose)
4. Saluretika → renale H^+-Ionen-Verluste:
   Thiazide, Chlorthalidon
5. Kortikosteroide
6. Leberinsuffizienz → vermehrte Entstehung basischer
   Eiweißabbauprodukte

Tubulusflüssigkeit führen. Dadurch wird das Potentialgleichgewicht an der Tubulusmembran verschoben. Zum Ausgleich werden mehr H^+-Ionen (und K^+-Ionen) ausgeschieden.
Neben einem Anstieg des pH auf über 7,44 ist bei der metabolischen Alkalose die Bikarbonat-Konzentration (und der Basenüberschuß) erhöht. pCO_2 ist normal bzw. bei respiratorischer Kompensation erhöht: der Organismus versucht, die Alkalose durch verminderte Abatmung von CO_2 zu kompensieren (s. Tabelle 27 u. 28).

5.2.3. Respiratorische Azidose

Der respiratorischen Azidose liegt meist eine eingeschränkte Ventilation infolge einer Erkrankung der Bronchien bzw. der Lungenalveolen (Asthma, Emphysem, Pneumonie) oder eine mechanische Behinderung der Atembeweglichkeit (Pleuraerguß, Pneumothorax, Zwerchfellhochstand, Kyphoskoliose) zugrunde. Durch eine atemdepressive Wirkung auf das Atemzentrum (Morphin, Barbiturate, Gehirnerkrankungen) kann ebenfalls eine respiratorische Azidose entstehen (s. Tabelle 25).
Der pH-Wert liegt bei der dekompensierten respiratorischen Azidose unter 7,36. Die eingeschränkte Ventilation führt zu einem Anstieg des pCO_2 bzw. der H_2CO_3-Konzentration. Die Bikarbonatkonzentration ist normal, kann aber auch durch die vermehrte Bikarbonatrückresorption insbesondere bei der metabolisch kompensierten respiratorischen Azidose erhöht sein (s. Tabelle 27 u. 28).
Klinisch fallen Patienten mit einer respiratorischen Azidose durch eine Zyanose und vermehrte Ventilation auf. Bei einem Anstieg des pCO_2 auf 45–50 mm Hg – stets begleitet von einem entsprechenden Abfall des pH – treten Hochdruck, Tachykardie und Miosis auf. Die verminderte Ansprechbarkeit der Gefäßmuskulatur und des Myokards

Tabelle 25. Ursachen der respiratorischen Azidose

1. Primäre Erkrankungen der Bronchien bzw. der Lungenalveolen:
   Asthma bronchiale
   Lungenemphysem
   Pneumonie, Lungenfibrose
   Atelektasen
2. Herzinsuffizienz → Stauungslunge, Lungenödem
3. Mechanische Behinderung der Atmung:
   Pleuraerguß
   Pneumothorax
   Zwerchfellhochstand
   Kyphoskoliose
   Polyneuritis
   Myasthenie
4. Atemdepressive Wirkung auf das Atemzentrum:
   Morphium
   Barbiturate
   Anaesthetika und Narkotika
   Hypoxie
   erhöhter Hirndruck (Schädel-Hirn-Trauma, Gehirntumor)

bei einem Anstieg des pCO_2 auf über 50 mm Hg führen zum Blutdruckabfall und zum Herzversagen. Steigt der pCO_2 auf über 60 mm Hg, so kommt es infolge der Vasodilatation der Hirngefäße zur gesteigerten Erregbarkeit, Somnolenz und schließlich Koma.
Bei einer sehr lange bestehenden respiratorischen Azidose (Cor pulmonale) kann es zu einer Überkompensation kommen: Im Austausch mit H^+-Ionen und K^+-Ionen retiniert die Niere HCO_3^--Ionen. Es entwickelt sich im Laufe der Zeit aus der respiratorischen Azidose eine metabolische Alkalose.

5.2.4. Respiratorische Alkalose

Die respiratorische Alkalose ist die Folge einer verstärkten alveolären Ventilation. Ein solcher Zustand kann durch eine psychogen bedingte Hyperventilation, fehlerhafte

Tabelle 26. Ursachen der respiratorischen Alkalose

1. Psychogene Hyperventilation
2. Hyperventilation bei künstlicher Beatmung
3. Stimulation des Atemzentrums bei zerebralen Erkrankungen (apoplektischer Insult, Meningitis, Enzephalitis, Schädel-Hirn-Traumen, Gehirntumoren)

Tabelle 27. pH, Kohlensäure und Bikarbonat bei *dekompensierten* Störungen des Säure–Basen-Haushaltes

	pH	pCO_2 (mm Hg)	HCO_3^- (mval/l)
Normbereich	7,36–7,44	34–46	22–26
Metabolische Azidose	↓	n–↓	↓
Metabolische Alkalose	↑	n–↑	↑
Respiratorische Azidose	↓	↑	n–↑
Respiratorische Alkalose	↑	↓	n–↓

↑ = erhöht ↓ = vermindert n = normal

Überbelüftung bei künstlich beatmeten Patienten oder durch eine Stimulation des Atemzentrums bei zerebralen Erkrankungen (apoplektischer Insult, Meningitis, Enzephalitis) hervorgerufen werden (s. Tabelle 26).
Die gesteigerte Ventilation bedingt eine verstärkte Abatmung von CO_2. Darum ist für die respiratorische Alkalose ein pH über 7,44 bei vermindertem pCO_2 bzw. H_2CO_3 und normalem Bikarbonat kennzeichnend. Kompensatorisch geht die Sekretion von H^+-Ionen durch die Tubuli der Nieren zurück und im gleichen Maße wird mehr Bikarbonat ausgeschieden. Darum kann die Bikarbonat-Konzentration bei der respiratorischen Alkalose insbesondere im kompensierten Zustand vermindert sein (s. Tabelle 27 u. 28).
Die durch die niedrige pCO_2-Konzentration bedingte Vasokonstriktion der Hirngefäße führt klinisch zu zerebralen Symptomen – Schwindel, Sehstörungen, Somnolenz.

Tabelle 28. pH, Kohlensäure und Bikarbonat bei *kompensierten* Störungen des Säure–Basen-Haushaltes

	pH	pCO_2 (mm Hg)	HCO_3^- (mval/l)
Normbereich	7,36–7,44	34–46	22–26
Metabolische Azidose	n	n–↓	↓
Metabolische Alkalose	n	n–↑	↑
Respiratorische Azidose	n	↑	n–↑
Respiratorische Alkalose	n	↓	n–↓

↑ = erhöht ↓ = vermindert n = normal

5.3. Therapie

5.3.1. Metabolische Azidose

In leichteren Fällen sollte eine enterale Behandlung mit einem Kalzium und Natrium enthaltenden alkalisierenden Citrat (Acetolyt täglich 5–10 g) versucht werden. Bei gleichzeitig bestehender Hypokaliämie kann ein Kalium und Natrium enthaltendes alkalisierendes Citrat verwendet werden (Uralyt-U täglich 5–10 g).
Die parenterale Behandlung der metabolischen Azidose erfolgt mit Natriumbikarbonat ($NaHCO_3$) in isotoner (1,4%) oder – falls ein geringeres Flüssigkeitsvolumen erforderlich ist – in molarer (8,4%) Lösung. Die Reaktion im Blut läuft dabei wie folgt ab:

$$NaHCO_3 + H^+ \rightarrow Na^+ + H_2CO_3 \rightarrow H_2O + CO_2.$$

CO_2 wird über die Lungen abgeatmet; die Anwendung von Bikarbonat zur Behandlung der metabolischen Azidose setzt also eine ausreichende Lungenfunktion voraus.

$$\text{Bedarf } NaHCO_3 \text{ 8,4\%ig} = BE \times KG \times 0{,}3$$

BE = Basenüberschuß
KG = Körpergewicht in kg

$$\text{Bikarbonatdefizit} = HCO_3^- - S - HCO_3^- - I \times \frac{KG}{5}$$

$HCO_3^- - S$ = Bikarbonat-Soll
$HCO_3^- - I$ = Bikarbonat-Ist
KG = Körpergewicht

Abb. 27. Berechnung des Bikarbonatbedarfs bei metabolischer Azidose

Die zum Ausgleich der Azidose notwendige Bikarbonatmenge kann grob nach folgender Formel errechnet werden (s. Abb. 27):

molares (8,4%) $NaHCO_3$ = negativer Basenüberschuß × Körpergewicht (kg) × 0,3.

Die genaue Dosierung sollte sich aber individuell nach den aktuellen Laboratoriumswerten richten.
Für die parenterale Behandlung der Azidose steht außerdem 0,3molares Tris-(hydroxymethyl)-aminomethan, kurz Tris-Puffer (THAM) genannt, zur Verfügung, das Wasserstoff-Ionen bindet und zugleich Bikarbonat zur weiteren Pufferung bereitstellt:

$$\text{Tris} + H_2CO_3 \rightarrow \text{Tris-}H^+ + HCO_3^-$$

Die Dosierung von Tris-Puffer kann nach folgender Formel abgeschätzt werden:

0,3molares THAM = negativer Basenüberschuß × Körpergewicht (kg).

Gegenüber Bikarbonat bietet die Behandlung mit Tris-Puffer keine Vorteile, außer daß keine zusätzliche Beladung mit Natrium erfolgt.

5.3.2. Metabolische Alkalose

Die Behandlung der metabolischen Alkalose erfolgt in erster Linie mit Chlorid: 1. um ein Chlordefizit auszugleichen, 2. wird die Bikarbonat-Konzentration durch Chlorid gesenkt. Bei geringer Alkalose kann die Behandlung enteral mit Kochsalz durchgeführt werden (täglich 5–10 g Kochsalz). Falls eine enterale Zufuhr nicht möglich ist, werden NaCl-Infusionen in isotoner (0,9%) oder höherprozentiger Lösung zugeführt (molare NaCl-Lösung [5,85%], 20%ige NaCl-Lösung als Zusatz zu niederprozentigen Lösungen). Liegt ein Kaliummangel vor, so wird NaCl durch KCl ersetzt. l-Lysinhydrochlorid (z. B. in elomel 5 salvia enthalten) kann bei schwereren metabolischen Alkalosen eingesetzt werden, ebenso l-Arginin-Hydrochlorid (Arginin-HCl „Pfrimmer"). Man kann rechnen, daß eine Verminderung des Chlors im Serum von 10 mval/l eine Zufuhr von 100 mval erfordert. In Ausnahmefällen (schwere metabolische Alkalose durch endogen entstandene basische Stoffwechselprodukte ohne Natrium- und Kaliummangel) kann über einen Vena-subclavia-Katheter n/10 bis n/20 HCl infundiert werden (z. B. 100 ml n-HCl in 900 ml 5%ige Glukose).

5.3.3. Respiratorische Azidose

Bei leichten Formen der respiratorischen Azidose sind – abgesehen von der Behandlung der Grundkrankheit – atemgymnastische Übungen, endotracheale Absaugung, Inhalation und enterale oder parenterale Gabe von Broncholytika im allgemeinen ausreichend. Eine alkalisierende

Infusionstherapie ist in der Regel kontraindiziert. Bei einer schwereren respiratorischen Azidose kommt nur die maschinelle Beatmung nach Intubation bzw. Tracheotomie in Betracht.
Bei der Ateminsuffizienz mit respiratorischer Azidose kann ein Versuch mit Azetazolamid (Diamox) unternommen werden: Azetazolamid ist ein Carboanhydrasehemmer. Die Carboanhydrase (CAH) ist ein Enzym, das die Reaktion

$$H_2O + CO_2 \overset{\overset{CAH}{\downarrow}}{\rightleftharpoons} H_2CO_3 \rightleftharpoons H^+ + HCO_3^-$$

katalysiert. Durch Hemmung der Carboanhydrase wird weniger CO_2 in HCO_3^- übergeführt; die dadurch vermehrt anfallende CO_2 wird dann abgeatmet. Voraussetzung für eine Behandlung mit Azetazolamid ist allerdings,

1. daß die Lungen funktionell noch in der Lage sind, das erhöhte CO_2-Angebot auch durch vermehrte Ventilation abzugeben,
2. daß Bikarbonat ausreichend oder vermehrt zur Verfügung steht (z. B. bei der Überkompensation einer respiratorischen Azidose beim Cor pulmonale – S. 72), da andernfalls eine Bikarbonatschuld mit konsekutiver metabolischer Azidose eingegangen wird.

5.3.4. Respiratorische Alkalose

Bei psychogen bedingter Hyperventilation ist das Ein- und Ausatmen in einen Plastikbeutel und/oder eine Sedierung ausreichend. Eine Hyperventilation von maschinell beatmeten Patienten läßt sich leicht durch eine stufenweise Herabsetzung des Atemminutenvolumens unter gleichzeitiger Kontrolle der Blutgaswerte regulieren.

6. Anhang

Normalwerte des Wasser-, Elektrolyt- und Säure–Basenhaushaltes im Blut bzw. Serum und Urin

Tabelle 29. Normalbereich von Meßwerten des Wasser-, Elektrolyt-, Säure–Basen-Haushaltes

Blut bzw. Serum			
Hämoglobin (Hb)	♂	14–18	g/100 ml
	♀	12–16	
Erythrozytenzahl	♂	4,6–6,2	Mill.
	♀	4,2–5,4	
mittl. Zellvolumen d. Erythrozyten (MCV)		82–92	μ^3
mittl. Hb-Gehalt der Erythrozyten (MCHC)		32–36	%
Hämatokrit (HKT)	♂	42–52	%
	♀	37–47	
Natrium		135–150	mval/l
Kalium		3,5–5,5	mval/l
Chlor		95–110	mval/l
Kalzium		9,0–10,5	mg/100 ml
		= 4,5– 5,5	mval/l
anorgan. Phosphat		1,4–2,6	mval/l
		= 2,5–4,5	mg/100 ml
Harnstoff-N		10–30	mg/100 ml

Tabelle 29. (Fortsetzung)

Blut bzw. Serum		
Kreatinin	♂ 0,7–1,2 ♀ 0,5–1,1	mg/100 ml
pH	7,36–7,44	
pCO_2	38–42	mm Hg
Bikarbonat	22–26	mval/l
Basenüberschuß	±3	
pO_2 art.	85–95	mm Hg
O_2-Sättigung arteriell	95–97	%
venös	70–75	%
O_2-Gehalt	19,5–20,5	Vol.%
Osmolarität	285–295	mOsm/l
zentraler Venendruck	4–12	cm H_2O

Tabelle 30. Normalbereich von Meßwerten des Wasser-, Elektrolyt-, Säure–Basen-Haushaltes

Urin		
spez. Gewicht	1015–1020	
pH	5–7	
Natrium	120–220	mval/24 h
Kalium	75–100	mval/24 h
Chlor	120–240	mval/24 h
Kalzium	3–6	mval/24 h
Magnesium	0,6–12	mval/24 h
Phosphat	16,1–58,1	mval/24 h

7. Literatur

1. Christensen H N (1969) Elektrolytstoffwechsel. Springer, Berlin Heidelberg New York

2. Davenport H W (1979) Säure-Basen-Regulation. Grundlagen für Studenten und Ärzte. Thieme, Stuttgart New York

3. Ehrhardt W, Neumann H, Schmidt L H, Wessig H (1975) Säure-Basen-Gleichgewicht des Menschen. Grundlagen, Bestimmungen und Interpretation in Diagnostik und Therapie, Steinkopff, Darmstadt

4. Holzgreve H (1976) Diagnostik bei Störungen des Elektrolyt- und Säure-Basen-Haushaltes. Internist 17: 106–113

5. Husemann B (1975) Die Bedeutung des Wasser- und Elektrolythaushaltes für die Praxis. Witzstrock, Baden-Baden

6. Krück F (1970) Säure-Basen-Haushalt. In: Siegenthaler W (Hrsg) Klinische Pathophysiologie. Thieme, Stuttgart

7. Levin M L (1973) Störungen der Säure-Basen-Verhältnisse. Internist 14: 293–298

8. Meyer J, Nolte H (1977) Der Wasser-, Elektrolyt- und Säure-Basen-Haushalt.
   3. Symposion für Krankenschwestern und -pfleger. Thieme, Stuttgart

9. Schuster H P (1975) Die Bilanzierung des Wasser-Elektrolythaushaltes in der Intensivbehandlung. Internist 16: 91–98

10. Siegenthaler W (1970) Wasser- und Elektrolythaushalt. In: Siegenthaler W (Hrsg) Klinische Pathophysiologie. Thieme, Stuttgart

11. So C S (1977) Kaliumstoffwechselstörungen, Klinik und Therapie. Jaeger Druck GmbH, Speyer

12. Truniger B (1974) Wasser- und Elektrolythaushalt, Diagnostik und Therapie. Thieme, Stuttgart

13. Zumkley H (1977) Klinik des Wasser-, Elektrolyt- und Säure-Basen-Haushalts.
Mit Beiträgen von Avenhaus H, Bachmann K D, Beersiek F u. a. Thieme, Stuttgart

7. Sachverzeichnis

Kliniktaschenbücher

Eine Auswahl

W. H. Hitzig: **Plasmaproteine.** Pathophysiologie und Klinik. 2., neubearbeitete Auflage. 1977. 37 Abbildungen, 41 Tabellen. X, 230 Seiten. DM 28,– ISBN 3-540-08035-X

P. J. Keller: **Hormonale Störungen in der Gynäkologie.** Diagnostik und Behandlung. 2. korrigierte Auflage. 1980. 89 Abbildungen, 9 Tabellen. XI, 148 Seiten. DM 22,– ISBN 3-540-09791-0

F. Láhoda, A. Ross: **Echoenzephalographie.** Ein Leitfaden für Klinik und Praxis. Mit einem Beitrag von E. Kazner. Geleitwort von A. Schrader. 2., neubearbeitete Auflage. 1979. 33 Abbildungen, 4 Tabellen. XII, 82 Seiten. DM 20,80 ISBN 3-540-09324-9

H. Marx: **Differentialdiagnostische Leitprogramme in der Inneren Medizin.** Procedere. Unter Mitarbeit von F. Anschütz, H. Bethge, W. Firnhaber, D. Höffler, T. Pfleiderer, K. Walter. 2. korrigierte Auflage. 1980. X, 265 Seiten. DM 23,– ISBN 3-540-09794-5

K. Miehlke, D. Wessinghage: **Entzündlicher Rheumatismus.** Die Theumafibel 1. 3., völlig neubearbeitete Auflage. 1976. 39 Abbildungen, 27 Tabellen. XIV, 271 Seiten. DM 28,– ISBN 3-540-07760-X

H. Mörl: **Der „stumme" Myokardinfarkt.** Mit einem Geleitwort von G. Schettler. 1975. 15 Abbildungen, 16 Tabellen. XIII, 113 Seiten. DM 22,– ISBN 3-540-07318-3

H. Rieckert: **Hypotonie.** Physiologie, Pathophysiologie und Therapie der orthostatischen Dysregulationen. 1979. 45 Abbildungen, 8 Tabellen. VIII, 131 Seiten. DM 25,– ISBN 3-540-09626-4

L. Wille, M. Obladen: **Neugeborenen-Intensivpflege.** Grundlagen und Richtlinien. Unter Mitarbeit von H. E. Ulmer. 2. neubearbeitete Auflage. 1979. 49 Abbildungen, 76 Tabellen. XXIII, 368 Seiten. DM 29,80 ISBN 3-540-09492-X

G. Wolff: **Die künstliche Beatmung auf Intensivstationen.** Unter Mitarbeit von E. Grädel, D. Gasser. 2., neubearbeitete Auflage. 1977. 79 Abbildungen, 6 Tabellen. XVII, 223 Seiten. DM 24,– ISBN 3-540-08384-7

Springer-Verlag Berlin Heidelberg New York

GPSR Compliance

The European Union's (EU) General Product Safety Regulation (GPSR) is a set of rules that requires consumer products to be safe and our obligations to ensure this.

If you have any concerns about our products, you can contact us on ProductSafety@springernature.com

In case Publisher is established outside the EU, the EU authorized representative is:

Springer Nature Customer Service Center GmbH
Europaplatz 3
69115 Heidelberg, Germany

Batch number: 10682534

Printed by Printforce, the Netherlands